非功能空间
与 空间的
非功能性

张应鹏 ———— 著

Non-functional Space
and
the Non-functionality
of Space

中国建筑工业出版社

序言

收到张应鹏的这本专著，是既有预料之中的期待，也有期待之后的欣慰。

说是有预料之中的期待，是因为我和张应鹏很早就比较熟悉了。他是齐康老师的研究生，他读研究生的时候我已在东南大学建筑研究所工作。那时在研究所里，除了齐老师在紧邻的一个独立办公室之外，我们其他的老师和他们这些学生，工作与学习都在一个办公室，当时我在常熟的项目还带他一起参与过。硕士毕业他就去了苏州工业园区设计研究院工作，后来又去浙江大学读了西方哲学的博士，毕业后回到苏州工作一直到现在，期间我们一直都有着联系，也算是看着他一步一步慢慢成长。

和所有其他行业一样，建筑界也是一个比较专业的领域，信息渠道也相对集中。早在十几年前，可能是他博士毕业成立九城都市建筑设计有限公司后不久，就开始在《建筑学报》《建筑师》《时代建筑》《新建筑》等建筑专业媒体上陆续看到他完成并发表的各种不同作品。同时，也不断有各种不同类型的作品在中国建筑学会、国家或江苏省勘察设计协会的评奖中获奖。因为在有些奖项的评选中我是评委之一，张应鹏的一些作品都给我留下了很好的印象。记得有一年获奖的作品是浙江梁希纪念馆，群山环抱中那薄雾蒙蒙的照片非常有特点。前不久是在江苏省 2020 年优秀勘察设计奖评选中，他主持完成的苏州生命健康小镇客厅正好在我负责的组里，这个项目和我前不久在仪征主持完成的江苏省园艺博览会主展馆一样，采用的都是钢木结构体系，空间结构与立面细节都很不错。还有就是华能苏州苏福路燃机热电厂，这应该是中国建筑学会 2009-2019 年 100 项建筑创作大奖中为数极少的工业建筑之一。我最近还主持评审了他在南京的一个项目，就是在他书中第四章"永恒的日常"中提到的南京门西数字生活社区。这是南京市的重点项目，位置非常重要，南侧紧邻明城墙，东侧是中华门，北侧是陈薇老师设计的愚园，东侧不远处还有东大团队设计完成的大报恩寺遗址公园及何镜堂院士设计完成并在建的城墙博物馆。这是一个以产业为引导的新建工程，同时也是一个难度很大的设计课题。在充分考虑到周围这些复杂的历史文化与现实的客观条件后，张应鹏在建筑形式、空间尺度、街坊布局以及产业结构与日常使用状态等各方面都进行了综合思考与研究，并提出了相应的对策。

说来也有期待之后的欣慰，是因为我同时知道张应鹏这一路来得不易。张应鹏本科不是学建筑学专业的，学的是工民建专业。因为没有经过系统的建筑学基础训练，在研究生入学之后不久，这种专业上的差距就完全暴露了出来。尤其是他们这一届，齐老师的四个研究生中，张彤、朱竞翔、邱立岗三个人的专业基础都非常好，在相对的比较中，这种差距就显得格外明显，曾经有一度，齐老师甚至都担心他能不能正常毕业。

他们四个都是 1995 年 4 月左右同时答辩、同时毕业的。之后，朱竞翔、张彤继续留在研究所跟随齐老师读博士，邱立岗赴法国深造，张应鹏去了苏州。从那时到现在，一转眼 25 年过去了，他们虽然各自在不同的地方，但都还在建筑领域，而且各有发展。这其中我最欣慰的可能就是张应鹏了，因为他终于从一个基本不懂建筑学的学生成长为一名合格的建筑师了！

张应鹏是典型的实践型建筑师，这从他的书中能完全看出，书中的建筑全都是建成并已投入使用。这一点非常重要，作为建筑师的我们都知道，从图纸上的方案到真正建成之间的距离，这其中需要越过重重障碍！所以，虽然每个项目可能还存在不尽人意之处，但都能看出其中的坚持与努力。

实践的同时，张应鹏也非常注重创作中的方法研究并善于积极思考，这从他博士阶段所选择的专业方向即能证明。我平时也喜欢读书，很多也是社会学、哲学等建筑学领域之外的专业著作。记得当年张应鹏准备去浙江大学师从夏基松先生攻读现代西方哲学方向的博士研究生时，特地打电话和我商讨咨询有关的学术问题。"非功能空间与空间的非功能性"应该是张应鹏在博士学习期间逐渐形成并总结出的他自己关于建筑创作的理论与方法，这个理论或方法是否成立，我这里先不做评价，各位读者可以在阅读了解之后自己评判。难得的是，张应鹏能将他的方法一贯地应用于他的创作实践，并在实践中不断完善与修正。

工作之余，张应鹏还积极参与多所建筑院校的建筑学教学。他是东南大学的兼职教授，担任建筑学院硕士研究生一年级的设计课程教学。和他在实际设计中的态度一样，教学中张应鹏也一样非常认真，2017 年指导学生完成的"重塑姑苏繁华图——苏州干将路缝合与复兴"还入选了 2018 年威尼斯国际建筑双年展平行展。张应鹏同时也是清华大学本科三年级开放教学的设计课指导老师，除此之外，每年在不同建筑院校或社会课堂里也有不少学术讲座。他的书中有一章叫"空间的社会责任"，讲的是建筑师在设计创作中的社会责任。这个题目给我印象很深，大家知道，现在的建筑师们大多都比较忙，这个职业也比较辛苦，工作之余能参与教学，与在校学生分享实践中的经验和困惑，实际上也是承担社会责任的一种方式。

几天前，张应鹏打电话说想请我给他这本书写个序言，作为他曾经的一位老师，还是很乐意的！只是恍惚间一直觉得他还比较年轻，当他说他是1964 年出生的，也已是快 60 岁的人了，着实吃惊不小！感叹白驹过隙的时间流淌。不过，建筑本就是一个中年性的职业，需要有多年的磨砺与积累。有人说：建筑师是一个 50 岁才真正开始的职业，这样的话，尤其是对本就入门较晚的张应鹏来说，也就是才刚刚开始。

这本专著能够证明：这是一个很好的开始，并已经有了很好的基础。我相信今后他一定会继续努力，给我们带来更多、更好的作品！并因此承担更大的社会责任！

王建国

中国工程院院士
教育部建筑类专业教学指导委员会主任委员
东南大学教授

目录

教育建筑的教育意义

访谈与评论

后记

004
026
068
104
146
186
248

引言

　　我们需要工作与学习，我们也需要休闲与休息。工作与学习固然重要，休闲与休息也同样重要，往往是专业之外所读的书、业余时间的生活态度最终决定着人与人之间的不同。

　　建筑中有功能空间，建筑中也有非功能空间。功能空间重要，非功能空间也同样重要，往往也是非功能空间的价值与品质最终决定着空间的价值与品质。

　　过于实用的人生是枯燥的，过于实用的空间也是无趣的。

　　与功能空间相比，我更倾向对非功能空间的关注。首先，在现代主义"形式追随功能"的宏大语境中，非功能空间几乎是处于被忽略甚至是被否定的存在。建筑都是有功能的，医院有医院的功能，学校有学校的功能，工厂有工厂的功能……。功能当然是建筑空间的前提与主体，我主张设计可以从"非功能空间出发"，并将其作为

设计表达的目标空间，并不是对功能空间的否定。我只是想把它倒转过来看看，看看这被强大功能遮蔽背后的非功能空间在建筑设计中有什么样的可能。生活的经验告诉我，有人走过的路肯定是相对安全的，但没人走过的路可能有不同的风景，误入歧途也可能误入奇途。其次，现代主义建筑从功能主义直接走向了功利主义。人不能过于功利，建筑也不能过于功利。第三，非功能空间是辅助空间，甚至是没什么用的空间，丰子恺就说过"这世界上最漂亮的，恰恰是那些没有用的东西"。除了这三个原因之外，还有两个更直接的理由。第一是和设计的方法相关，因为功能空间都有具体的功能要求，比如手术室有手术的功能，教室有教学的功能，车间有生产的功能，即使是办公室也有与之相应的工作要求……，而非功能空间却因为没有具体功能的约束反而赋予空间创作上更大的自由；第二是和空间中主体的体验相

关，功能空间以功能使用为目的，功能空间中主要是人与工作的关系，非功能空间中没有明确的功能倾向，非功能空间中主要是人与空间的关系。

形式可以追随功能，形式也可以追随"非"功能。

解决问题很重要，发现问题同样重要。简单地说，人类社会就是在这两个不同能力的相互作用下不断发展进步的。建筑学也一样，解决问题的能力是建筑学的基本问题，即根据已知条件通过设计技术与技巧解决与之相对应的问题。比如根据场地的边界条件和项目的功能定位，解决场地与环境、空间与形式、经济与安全等各种不同而又相互关联的各项矛盾，这也是我们传统意义上所说的建筑设计。建筑学同样还面临于复杂的信息关联中如何不断发现新的问题。如果说哲学的终极问题是对人的追问："我是谁，我从哪来，我到哪去？"，那么空间的非功能性就是对功能本身的追问。形式

应该追随功能，那么功能本身是什么？是单纯的还是复杂的？是显性的还是隐性的？是稳定的还是动态的？是具体的还是抽象的？空间只能在功能定义中被动使用吗？空间可以介入行为吗？空间物理属性之外的主体属性如何发生？……如果说非功能空间讨论的还是空间设计与表达方法的问题，那么，空间的非功能性则是更多地转向对功能本身的思考，指向建筑功能与形式之外更多的复杂性。比如：食堂只是吃饭的空间吗？桥只是通过的空间吗？运动场只是运动的空间吗？……比如：图书馆能不能从"天堂"下凡到人间？纪念可以走向日常吗？假如功能已成为功利借口，空间可以转向对现实的反思与批判吗？……

建筑设计不只是通过空间解决功能，建筑设计应该创造更多的可能。建筑设计是关于空间与形式的艺术，并通过空间的非功能性越过空间与形式，从而指向人类社会真正的生存状态！

非功能空间

非功能空间可以简单地定义为所有功能空间之外的空间，是功能空间与功能空间之间的过渡空间，是功能空间与功能空间之间的连接空间，是功能空间之间的"间隙"与"空白"。"功能空间"有具体明确的使用目标，"非功能空间"没有具体明确的使用目标。

因为没有明确的使用功能，或者只是主体功能之外的辅助功能，所以非功能功能空间经常也没有相应的空间身份。一般来说，每个项目都会有一份设计任务书，详细描述着该项目的各种功能特点、相互关联、面积分配指标及相应的空间要求，这也是建筑设计的基本前提和主要依据。但这些任务书中很少有专门针对非功能空间的描述，既没有具体的设计要求，也没有相应的面积指标，任务书中的非功能空间只是以百分比的数字形式预留在总体面积控制之中。这并不是某种偶然的疏忽，而是长期以来对非功能空间的漠视已形成了一种集体认同，或者已经转换成了一种集体沉默。在总的建筑面积控制中，这个数字所

占的比例也比较苛刻，并以"得房率"的形式作为建筑设计重要的"经济性"考核指标。经济性与效率是工业文明最主要的社会目标，并直接投射到现代主义建筑的评价体系之中。

因为没有相应的空间身份，所以也没有相应的空间地位。现代主义建筑设计主张"形式追随功能"，功能空间才是建筑的主体空间，非功能空间只是建筑的从属空间。"形式追随功能"某种意义上讲是从设计方法上就直接否定了非功能空间的价值与意义。

其实，非功能空间与功能空间同样重要。

首先，非功能空间不是无功能的空间。"无"是否定，而"非"有肯定的倾向，是对功能空间之外的所有空间的肯定，非功能空间是功能空间的伙伴，非功能空间与功能空间一起共同组成完整的建筑空间。

其次，非功能空间也不能被简单地描述为"辅助功能空间"，因为这种"辅助功能"同样会有决定性功能。很多年前，在一次讨论业余爱好重

要性的小型学习沙龙上听到过这样一个故事：一位非常喜欢向日葵的小朋友，在种植向日葵的过程中发现向日葵的叶子长得非常饱满，他很担忧，担心叶子会吸走果子的营养，于是他拿来剪刀，剪掉了向日葵所有的叶子。结果呢？营养并没有因为叶子的减少而顺从地转移到果子当中，而是很快就整个枯死了。

非功能空间就像绘画中的留白，有时候是画出什么很重要，有时候是留下什么更重要。

非功能空间是使用者与功能空间之间的媒介空间。记得小时候我们偶尔拉肚子，那时乡下比较穷，离镇上也比较远，妈妈会从屋后的老树上刮下树皮煮水让我们喝。这种从祖上传下的土方子确实有效，但那老树皮熬的水是真的苦！这时妈妈会从不知道藏在哪里的瓦罐里舀出一勺红糖来，那时候红糖是多么珍贵啊！一年也不可能吃上几次。树皮能治拉肚子，可很苦，红糖没有药用，但真的很甜。妈妈让喝的是药，而执行诱惑的是糖。

作为目标的功能很重要，作为媒介的诱惑同样重要。

非功能空间不是目标空间，非功能空间只是通向功能空间的过程空间。

目的很重要，但有时候过程更有意义！

非功能空间包含传统意义上的"公共空间"或"共享空间"，但也不完全是。公共空间或共享空间只是非功能空间最重要的组成部分，非功能空间也可以就是完全没有任何实际功能的无用空间，就像女士手上的戒指或男士脖子上的领带。经常是这些额外的"多余"在不经意处反映出你的审美品位与生活品质！

非功能空间可以成为设计的起点与路径。我们可以从内到外进行设计，我们也可以从外到内进行设计，这并不代表着对内部功能的否定，而是对功能肯定的另外一种方法，是另一种设计路径的选择。从功能主义出发是从内部直接定义建筑的空间形式，从非功能空间出发，是以非功能空间的方式从外部完成对功能空间的组织与定义。

非功能空间
的价值与设计方法

建筑设计的第一项任务就是解决空间的使用功能。比如说医院里有门诊部、急诊部、医技部和住院部等，比如说学校里有教室、实验室、图书馆、体育馆，还有食堂和学生宿舍等，比如说博物馆或美术馆有门厅、展厅、学术交流厅、技术修复及藏品库房等。建筑中的各个功能空间都可以分解成各个相对独立的空间单元，但功能单元本身并不是建筑设计的全部重点，重要的其实是各个功能单元之间的相互关系。建筑设计就是如何解决并处理好这种功能单元之间的关系，而功能单元之间的空间是非功能性空间。所以，建筑设计就是通过非功能空间的组织与安排解决并处理好建筑的功能问题。

所以，建筑设计本质上就是对功能空间与功能空间之间的非功能空间的设计。

建筑设计的第二项任务是空间的艺术形式。建筑艺术是关于空间与形式的艺术，功能是空间与形式创作的前提条件，功能同时也是空间与形式创作的制约条件。所以有人说建筑艺术更像是一种带着"镣铐"跳舞的艺术。但和有具体使用功能制约的功能空间相比，非功能空间因为不受具体功能

的钳制而在空间与形式上具备更多的自由。如果只是在功能层面讨论问题，机械工程、电气工程、包括生物工程与化学工程等，任何一项工程中的功能都不比建筑空间中的功能简单。解决使用功能问题只能算是建筑中的工程性问题，不能上升到建筑"学"的层面。建筑是建筑师为生活而创作的空间艺术，房屋不是"居住的机器"，建筑是人类生活并成长其中的空间伙伴。空间是有情感的，空间是可以述说的，空间与空间之间不只是功能与功能之间的物理关系，空间与空间之间还有诗意的呈现与回响。

某种程度上讲，建筑空间的艺术形式主要是非功能空间的艺术形式。

建筑设计的第三项任务是关于空间中的生命体验。功能空间的主要任务是面对具体的使用功能，强调的是空间中人和事的关系。在这种关系中，空间作为背景虽然也会参与到空间的体验之中，但也因为这里是以功能为主，空间会很容易退隐为"背景"。从功能空间中走了出来，也同时从具体的事务中走了出来，在非功能空间中，人与空

间的关系转换成主要关系。功能空间里的人，主要倾向专注的、静态的、封闭的或个人的等各种确定性的行为状态，非功能空间里的人，往往更倾向轻松的、动态的、过程的或随机的等开放的行为状态。功能空间强调工作的专注性，非功能空间更倾向空间的体验。苏州园林中，功能空间的比重就很小，难得有几处空间是有具体功能的，大多数亭、台、楼、阁也都向四面开放。苏州园林是典型的以空间体验为主的空间艺术。功能是空间的基本要求，体验才是空间的艺术目标。

建筑空间中的生命体验主要是在非功能空间中的生命体验。

建筑设计的第四项任务是空间的文化责任。功能空间完成建筑的使用功能，空间的文化责任更适合非功能空间承担。科技的全球化推动了功能的全球化，功能的全球化必然导致空间的同质化。在以"形式追随功能"为前提的设计原则下，建筑形式与风格也已越来越趋同。游离于功能空间之外，或黏着于功能空间之间，非功能空间可以绕开对功能的参与，从外围以"从属"的身份定义着建筑的文化与风格。这就像不同菜系，是配料而不是主料的不同决定了川菜与粤菜的区别。地方方言也有这种特点。比如，苏州话里就有很多"没有用"的虚词，去掉这些虚词并不会影响句子本来想要表达的意思，但这些虚词的介入却让原本平淡的陈述充满感情。而且，不同的虚词还有不同的色彩，或含蓄、或直白，或嗔怪、或关爱，在不同的语气与语境中，这些没有用的虚词有时候甚至还能表达出完全相反的意思。建筑是空间的句法，同样可以有没有用的非功能空间，在这些非功能空间中我们可以自由安放我们的情绪、释放我们的情感，同时传递我们的温暖。

建筑空间的文化特征更容易通过非功能空间中的文化特征实现。

非功能空间的设计方法可以简单归纳成这样几条基本策略。

首先，可以根据项目在使用功能上的特点将建筑的功能空间和非功能空间作相对清晰的分离，优先理清项目的基本功能。强调非功能空间不是否定功能空间。

其次，在设计中通过设计技巧平衡总建筑面积中功能空间与非功能空间之间的比例权重。对空间而言，所谓的重要性，首先当然是体现在面积权重上的比例与大小。这里的权重比例指的是相对的权重比例，指的是不"增加"额外的建筑面积，不影响建筑的使用功能而相对增加非功能空间在总建筑面积的比重。不是每个项目都能够轻易增加建筑面积的，有的是用地条件（如地块大小或容积率）的限制，有的是投资成本的控制（中国现在还是发展中国家，无论是政府还是企业，经济性依然是建筑控制的主要目标之一），有的还有流程上的困难，一般到建筑开始进入设计阶段时，之前的项目可行性研究、立项与投资计划（包含总建筑面积）等都应该已经完成各相关部门的审批。设计主要是通过提高功能空间的使用效率来增加非功能空间的相应比例，不搞空间分配上的平均主义。这就像日常生活中的某一些现象，同样的收入标准，有些人始终能将生活打理得井井有条，有的人则让日子过得捉襟见肘；同样的 24 个小时，有些人过得张弛有度，有的人则过得手忙脚乱，狼狈不堪。我们经常有这样一些生活中的经验，当我们以工作优先的时候，每天都有忙不完的事，我们曾努力工作并期待着哪一天能空下来去好好休息一下，最终却发现忙碌成为一种无可奈何的生活常态。尝试转换一下思考的路径，我们马上开始优先安排好一周以后的某一场音乐会，或两月以后的某次海滨度假，然后你发现工作立刻变得紧凑而高效。这是一种生活态度，也是一种生活技巧。生活是这样，空间也一样。

不增加建筑面积，权重的比例是在既有的规模框架中自我平衡，这是最经常也是最可行的策略。

第三，空间布局中非功能空间优先。按照使用者在使用过程中的行为路径，或根据环境场地的特点，在位置和态度上，将非功能空间作为主体空间。空间的位置决定着空间的地位，先后的态度决定着主次的态度。于是，非功能空间即由从属的被动空间转化为积极的主动空间。

某种程度上讲，功能空间不能自身完成各自的行为功能，功能空间是在非功能空间的组织与引领下完成空间各自的具体功能。

第四，加强非功能空间在空间与形式上的设计权重。通过丰富的空间形式与丰富的空间体验，包

1

1　杭州师范大学附属湖州鹤和小
　　学，底层架空的非功能空间

括材料与细节上的不同变化，进一步强化非功能空间在整体空间中的"主体"地位。从功能出发，非功能空间只是配套的辅助空间，从非功能空间出发，非功能空间转化为空间表达的对象。以功能"泡泡图"为例，前者的重点是"泡泡"中的功能以及功能之间关系，后者则是在关心"泡泡"中的功能及相互之间的关系后，立刻转向"泡泡"之间的空间，因而"泡泡"之间的空间取代"泡泡"中的空间成为建筑师新的钟情之处。

非功能空间有时也是额外增加的空间，这当然是要以"非功能空间的价值与意义"努力争取的。目前大多数项目还是以得房率如何高作为经济性的评判标准，非功能空间的绝对面积与相对比例都非常小，这也是我们可以适当争取的理由，而且并非没有可能。江苏省黄埭中学改扩建中"额外"增加的 4000 多平方米的户外及半户外空间，新建的华能苏州苏福路燃机热电厂"额外"增加的 2000 多平方米的"非功能性"连廊都是我们通过非功能空间的价值引导争取到的额外的建筑面积。

增加的不一定就是"浪费"的，而我们省掉的往往是最关键的。

事实上，随着建造技术与建造材料的不断发展，同时还有各种生产技术的不断更新，建筑设计中传统的功能问题已越来越不是问题。

过去是吃什么很重要，今天已经是在哪儿吃更重要；过去，礼尚往来的礼物更重要，今天，精美而个性化的包装也从另一个角度反映出赠礼者的情趣与情感。

过去空间与功能的主要矛盾是"人们日益增长的物质文化的需要"与"落后的空间品质"之间的矛盾，现在空间与功能的矛盾已经转化为"人们日益增长的美好生活需要"与"非功能空间与功能空间不平衡发展之间的矛盾"。功能空间满足的是生活的基本需要，非功能空间满足的是基本生活之上的文化需要与精神需要。

可以这么说：

生活中你能自由支配的时间决定了你的生活质量；

建筑中非功能空间的面积权重与设计权重决定着这个建筑的空间品质；

城市中开放空间的权重比例与空间品质决定着这个城市的空间面貌与发展水平。

空间的非功能性

非功能空间讨论的是"空间",空间的非功能性讨论是"功能"。

但此功能非彼功能。现代主义建筑强调形式追随功能,似乎功能是一个稳定的、明确的具体存在,而实际上我们今天建筑学所面临的问题已经发生了巨大的变化,空间已从静止的、显性的、单向度的被简单使用的具体状态转向更动态、更深度、更多维的价值使命。在这种新的前提与背景下,建筑空间不再是单一具体的功能空间,也不再是单一具体的技术空间,空间的非功能性同时还表现在社会空间与建筑空间之间的不断交错与耦合。

首先,功能会随着时间的变化而改变,昨天的工厂已经变成了今天的博物馆,原来的住宅后来成了酒店,甚至是不久前还在卖衣服的街角服装店刚刚又成了转角咖啡馆。其次,功能本身的技术方式也在不断进步与进化,同样是燃机热电厂,过去是烧煤的,现在是烧气的,同样是教室,过去是老师站在讲台上通过板书传授知识,现在已是在互联网平台支持下的多媒体教学。第三,新的建筑材料与新的建造技术不断发展,可以建造各种不同类型、不同大小的建筑空间,满足具

体使用功能的需要已经不再是建筑空间的主要困难。最终,科技的发展同时改变了人们的工作方式与生产方式,功能对空间物理属性的依赖已越来越弱。今天的建筑已经从空间的功能性中逐渐解放出来,空间的非功能性已成为新的建筑命题,并走向空间的多样性与适应性。

过去,受建筑材料与建造技术的制约,空间只有有限的几种形式,功能只能迁就空间,所以,古典主义时期的建筑是以形式优先的,以形式优先的空间某种程度上讲必然会牺牲功能的合理性。后来,钢材与水泥的发展为空间适应功能提供了充分的技术条件,但现代主义建筑并没有在形式自由的前提下走向"形式主义","形式追随功能"一定程度上是在功能优先的前提下试图"否定"形式的意义。现在,建筑同时走向了功能的自由与空间的自由,在功能与空间被双向"否定"后,空间的非功能性将真正完成建筑空间的形而上"学"。

工业革命主要是生产工具的革命,生产工具的发展改变了人与世界的相互关系。机器释放了我们的手,从而改变了我们的劳作方式,汽车释放了我们的脚,并进一步改变了我们的城市尺度。但

无论是机器还是汽车，工具都还是身外之物。今天，我们已经从工业革命走向了信息革命，数字产品已经不再是一种身体之外的简单工具。在强大的无线互联网支持下，手机类移动终端已经成为我们身体的一部分，成为我们的"眼睛"，成为我们的"耳朵"，成为我们认知世界新的方式与新的途径。人与空间的关系主要是人的身体与空间的关系。空间在变化，功能在变化，与空间与功能相关联的"身体"也在变化，过去的空间是具身在场的具身空间，今天的空间是具身在场与虚拟在场并存的"赛博空间"。

技术改变了空间，技术也改进了功能，技术同时还在改变我们的"身体"，从功能的自由到空间的自由，再到身体的自由，建筑空间最终必然也要完成从功能性向非功能性的战略转移。

与此相对应，"实用、坚固、美观"也可以修正为"适应、安全、个性"。

与简单临时的实用性相比，适应性更强调空间的即时应变能力。适应性的空间是可以适合不同使用功能需求的"零向度"空间，是可以被方便改造而不会"伤筋动骨"的"大角度"空间，是可以被多向重组还不影响整体空间逻辑的多角度空间。在非功能空间的设计方法中，最重要的一个方法就是尽可能将功能空间与非功能空间相对分离，这不仅让非功能空间可以不受功能的制约而方便变化，同时，均质而简单的功能空间也更适应使用过程中不同的变化。坚固的目标是安全，传统建筑主要是依靠建造材料的强度与厚度解决建筑的基本受力问题，所以，在传统建筑里，坚固即安全。但坚固的安全只是相对的安全，是在落后技术条件下的原始选择。但坚固并不等同于安全，就像汽车，钢板强度与厚度只是基础条件，同时还有安全气囊、自动平衡系统以及各种辅助驾驶系统等，智慧比强度更重要。建筑也一样，坚固还是以强度对抗荷载而防止变形，而阻尼则是通过允许变形而释放荷载，前者靠的是"肌肉"，后者靠的是"智慧"。在不断发展的新的技术支持下，安全比坚固的定义更全面。同样，个性比美观更多元。美不应该成为纯粹的理性问题，美不是1∶1.618（黄金分割比）这样简单的数学问题，世界上不存在绝对的完美（不能多一点，也不能少一点）。美有时还很危险，美会遮蔽真。

个性则包含更多的主观性，强调不确定性并允许缺点。健康可以成为新的审美标准，空间可以轻松一点，也可以可爱一点，甚至可以幽默一点。

缺点可以转化为特点，真比美更可靠，幽默其实是一种智慧。

强调个性化美学价值，也是强调空间体验的主体性价值。建筑不是客观的物理空间，建筑是主体与空间之间的相互关联。建筑设计不只是简单地解决空间中的功能问题，空间的使命是建立人与人、人与自然之间新的关联。如果将建筑与文学相比，空间中的功能就像小说中的故事，故事及其发展情节只是一种媒介，是一种载体，故事的逻辑性、情节的合理性以及语言的表达技巧都属于写作中的技术性问题，作家的根本责任不是讲故事，而是借助故事这个媒介与载体表达自己对社会的态度与看法。建筑设计中，功能只是空间的内容与前提，空间中功能的逻辑性、形式的合理性以及材料与构造语言都只是建筑设计中的技术与技巧，建筑设计不只是通过空间解决功能，也不只是借助功能营造空间或形式设计，建筑设计的根本任务应该是通过功能与空间的设计与组织陈述建筑师对社会的认识与看法，并因此承担社会责任。

空间的非功能性就是在文学、哲学或者社会学层面讨论空间更广泛的"功能"问题，建筑学不是形而下的（建）"筑"问题，而是形而上的（建筑）"学"的问题。

建筑不仅是凝固的音乐，建筑也是关于空间的文学。这一点苏州园林最有代表性，"庭院深深深几许"，"山亭水榭两依依"，可以是空间在文学中的呈现，也可以是文学在空间中的表达。苏州园林本质上就是一首诗、是一幅画、是一篇散文。中国过去只有（建筑）工匠（如苏州的香山帮），但没有建筑师，甚至可以这么说，苏州园林从建造的起点上就是关于"文学"的空间，是江南文人用空间书写的山水情怀。在苏州园林中，文字是可以直接建构空间的，如远香堂、听松亭等。苏州园林中，亭、台、楼、阁等空间的相对位置首先不是功能上的相互关系，而更是画面上的相互关系。这是中国传统文化的重要特点。在中国传统文化中，文学与绘画彼此同源。建筑空间建构视觉画面，而文字指向"象外之境"，在建筑空间与文字空间的相互交叉与叠合中，远香堂中暗香浮动，听松亭下风雨和鸣。

看得见的空间是空间，看不见的空间也是空间。

哲学将空间从功能的具体使用引向个体的主观体验。这里至少包含空间与主体两个基本概念。首先是空间，空间以围合为策略。但在哲学层面，"围合"不再是对空间限定，而是更倾向对空间的开启——从而"开启一片澄明之境"（海德格尔）。

设计不是通过围合封闭一个空间，而是通过封闭打开一个新的空间。这个打开的新的空间将建立主体与世界的新的关联。那么这个主体是谁？是大写的人，还是小写的人？贾平凹曾在一篇小文章里写过这样一次采风经历：那是在一个很偏僻的山区里的小河边，他和一个在河边劳作的老大爷聊天，在得知他的儿子在北京有很体面的工作而老人也刚刚从北京回来不久时，贾平凹就问老大爷为什么不继续和孩子一起待在北京，老大爷的回复是"北京好是好，就是太偏了"！个体的体验以个体的身体为中心，世界没有中心，我们每个人都是自己世界的中心。现代主义之后的哲学正是以"以个体为中心"方式最终解构了世界的中心。

所以，所有的围合都是"开放"的，而所有的体验都是个体的。

社会学关心的是现实空间中人与人、人与功能间的更复杂关系。当下的社会现实怎么样，是否可以通过空间批判介入社会现实？当下的社会矛盾是什么，如何通过空间组织协调社会矛盾？我们说城市，"城"指的是空间，即建筑物所构成的城市物理形态，"市"指的是市场，是交易，是城市中的人们赖以生存的生活关系。城市就是由物理空间和物理空间中的交易行为共同构成的社会共同体。可是，今天的交易方式已经发生了根本性改变，交易平台从过去的物理空间转移到网络空间，交易还在，但交易的市场没有了，身体已经从空间中抽离出去。我们讨论空间是因为空间本质上是人与空间之间的关系，空间不能是独立于人而孤立存在。空间中的功能发生了变化，那么人与空间的关系也必然会发生变化。海德格尔说"语言乃存在之家"，语言本质上就是一种交换，是一种人与人之间信息的交换，所以从逻辑上推演我们也可以说"交换乃存在之家"。当物品与物品之间交换所需要的"市场"空间（商场）被网络空间取代之后，城市原本的共同体是否继续成立？记忆的交换，情感的交换，触觉的交换乃至视觉的交换等等是否会取代物品的交换变成新的社会需求？

表面上看，空间是在解决人与使用功能之间的问题，而本质上说，空间所面对的是人与人之间的关系。

科技是一把双刃剑，面对科技发展的危机，诺贝尔文学奖获得者莫言 2010 年 12 月 4 日在日本东亚文学论坛上发言说"我们的文学其实担当着重大责任，这就是拯救地球、拯救人类的责任"！同样，对建筑而言，功能主义也已经导致了现代主义建筑的危机，空间的非功能性同样担当着重大责任，这就是拯救建筑、拯救城市的责任！

空间的非功能性
在实践中的应用
与表达

起初，是在功能空间背后，我发现了非功能空间的存在与趣味，并因此提出了非功能空间的意义及设计方法。非功能空间研究的依然还是建筑中的空间与形式问题，只是在设计策略上把传统的以功能空间为主导的设计方法转换为以非功能空间为主导的设计方法。在非功能空间的设计方法中，功能是确定的，功能空间中相应的使用状态也是确定的。换句话说，功能空间必须是确定性空间，而非功能空间可以是不确定性空间，并因此主张从确定性到不确定性的价值转换就是将设计重点从功能空间转移到非功能空间。后来，发现"形式追随功能"中的"功能"也有非常大的不确定性，我们习惯中的各种与空间所对应的功能属性，也只是某个时间段里人们彼此间的一种"共同约定"，或者说是某种"集体认同"。这有些像美国哲学家费耶阿本德与库恩在科学哲学里所提出的"范式"。范式的积极意义是为大家共同工作与共同研究提供了可以共同参照的前提。就建筑设计而言，比如我们说的是一个医院，共同的"范式"就是"医院是病人看病的地方"，基本有门诊部、急诊部、医技部及住院部等主要部分组成；比如我们说的是一个

宾馆，共同的"范式"就是"宾馆是客人居住的地方"，宾馆还有度假宾馆、商务宾馆及经济型宾馆等不同的分类；再比如我们说的是个学校，这时共同的"范式"就是"学校是学生学习的地方"，那么就要讨论如何合理安排教学区、生活区、运动区等，并会因为他们是小学、中学、还是大学的不同而有相应的不同。但"范式"也有消极作用，范式常常会以"常识"为面具抵抗传统"范式"之外新的可能。1917 年杜尚将一个从商店买回的男用小便斗起名为《泉》参加美国的独立艺术家展览；1952 年 8 月 29 日，在纽约的一个半露天音乐厅里，美国著名的作曲家约翰·凯奇以沉默静坐的方式"演奏"了他著名的实验音乐（无声的）《4 分 33 秒》。这是现代艺术史上两件著名的观念艺术，或者说是两次观念艺术的事件。杜尚从观念上否定了"小便斗是用于小便的"既定功能"范式"，从而将一个普通的日常生活用品转化为艺术殿堂中的艺术品，而约翰·凯奇的《4 分 33 秒》则是在"音乐是关于声音的艺术"的共同认知的"范式"之外，肯定了无声是声音的另一种存在方式。空间的非功能性也是通过对某些"既定"功能"范式"（基

至是常识性功能）的怀疑与追问，力图寻找或发现新的功能"范式"，并进一步努力为新的功能"范式"寻找新的空间"范式"。

我们先来看非功能性空间，因为非功能性空间"先天"地具备着空间上的非功能性。

比如说走道。走道是建筑中功能空间与功能空间之间的连廊，是从一个空间去往另外一个空间的过道。走道是通过性空间，通过性空间的功能在本质上就是主张快速通过，形式越简单则越直接，或者说功能性越强。走道的宽度可以根据人流的通过量进行计算，且宽度一般都不需要太宽，因为效率本是功能主义的重要经济指标。那么，转换一下思考路径，从空间的非功能性进入，我们能否这么追问，走道可以是等人的空间吗（比较容易等到）？走道可以是交流的空间吗（可以轻松交流）？甚至，走道可以是邂逅的空间吗（可以假装偶遇）？这样，走道就可以被局部加宽，也可以被整体加宽，还可以进一步由简单的线形空间发展出丰富的空间变化。依然还是走道，但空间范式与功能范式都已经发生了根本性变化。

比如说楼梯。楼梯是垂直方向上功能空间与功能空间之间的连接，是垂直方向上的走道。我就比较喜欢楼梯空间，它充满着空间转换中的不确定性与神秘性，同时还可以在高度的变化中体验着身体与空间间的重力关系。那么楼梯能被人为地加宽吗？加宽后的楼梯还是楼梯吗？加宽后的楼梯当然还是楼梯！加宽后的楼梯并没有否定垂直方向上的通行功能，而是在肯定楼梯原有功能的同时进一步丰富了垂直方向上各种新的可能。加宽后的楼梯可以转化为台阶，楼梯是走人的，而台阶则充满着对停留和坐下的诱惑。

那么功能空间呢？

比如说学校里的运动场。在传统学校的功能"范式"里，运动场是上体育课用的，体育课上的运动会产生噪声，噪声会影响教室等教学空间的日常使用。所以一般学校里的运动场大致有这样两种布置方式：一种是远离校园的几何中心，通过距离进行声音隔离，但远离了校园主体空间的场地同时也远离了校园的日常活动；一种是旁置于建筑一侧，利用山墙侧面进行声音隔离，这种运动场虽然在空间上与教学空间相比邻，但山墙消极的侧面态度还是将运动场直接排除在校园的主体空间之外。

可以看出，无论是远离几何中心，还是旁置于山墙一侧，这两种布置中的运动场都只是依附于主体空间的"附属空间"。运动场的功能"范式"是运动，运动广场的空间价值是"广场"，从"运动场"到"运动广场"，虽然文字表述上仅一字之差，但"功能范式"完全不同，广场将空间的功能性转向了更广泛的多义性与不确定性。运动广场是包含体育（课）功能的全时段日常活动广场，运动可以成为校园文化中最靓丽的风景。功能"范式"改变后，空间"范式"随之自然改变。首先，在可能的情况下尽可能让运动场在空间上回到校园的几何中心，比如南京河西九年一贯制学校，结合用地与朝向，所有建筑围绕运动场布置，运动场同时就是校园中最重要的日常广场。如果用地条件上确实有困难，只能采用一侧旁置的布置方式，那么对着运动场的立面就不能是简单消极的"侧"立面，而应该转换为积极的"正"立面。这是一种设计技巧，更是一种设计态度，立面的态度就是空间上的态度，而空间上的态度鼓励行为上的态度。

比如说学校里的食堂。学校里的食堂就是简单满足吃饭的空间吗？或者吃饭就是为了好好学习吗？好好吃饭是否本就是生活重要的组成部分！食堂能不能可以同时作为校园里的日常交流中心和活动中心？一般来说，以"吃饭"为功能的食堂一般都布置在校园的"西北角、下风口"，这种空间不鼓励停留，"尽快吃完，尽快离开"是空间的潜在指令。这种空间里，吃饭只是一项生理任务，就像是给汽车加油，吃饭的目标是为了可以好好学习。转换一下功能范式，当食堂同时作为活动中心与交流中心时，食堂的地位就从辅助的配套空间转换成重要的公共空间，功能定位决定空间地位，如此，食堂就可以从从属的"西北角、下风口"转移到相对核心的校园公共空间，这种空间是鼓励停留的场所，吃饭的同时可以伴随交流。因为所有的"人"都肯定要吃饭，食堂其实是校园空间中最活跃的空间媒介。

进一步追问，空间的非功能性可以扩展到对整体校园的新的定义吗？当然可以！我们可以尝试从空间之外的艺术类型来定义一下理想中的校园。以大学为例，试想一下，无论是文学艺术中的校园，还是电影艺术中的校园。无论是绘画艺术中的校园，还是音乐艺术中的校园，爱情一定都是无法回避的主题。这不仅是和大学阶段学生们的生理年龄相关，而且，爱情从来也都是所有艺术最永恒的主题。建筑当然是艺术，建筑还是所有艺术中最综合的艺术，那么爱情为什么不能成为空间的主题！

1 2

1 南京河西九年一贯制学校，整个校园围绕着运动场布置，运动场同时是校园的"运动广场"

2 苏州工业园区职业技术学院，学生宿舍西侧临近运动场立面。三层9m宽的开放式连廊和北部的教学区直接相连，同时也为体育运动提供了方便的观赏平台

苏州工业园区职业技术学院独墅湖新校区就是以爱情为空间主题切入整个校园空间设计的。连廊中的偶遇、转弯处的邂逅、食堂中的等待、水边舞台上的自我表现、运动广场上的看与被看……，各种场景与行为，既有对当下年轻学生生活方式与交友方式的理性分析，也有建筑师对曾经大学时代的青春记忆，是一次以空间的方式与同学们隔着岁月的分享，是一份以空间的方式献给在校同学们的青春礼赞。就像非功能空间可以从外围定义并完成功能空间的功能使命一样，对爱情（校园空间的非功能性）的肯定并不是对学习（校园空间的功能性）的否定，而是另一种方向上更加积极的肯定。青春是美好的，时间是不可回流的，大学正是飞扬的年华，爱情本是这个年龄里生命最灿烂的色彩。

除了浪漫的情怀，空间的非功能性还包含：功能之外的社会批判，经济之外的社会公平及形式之外的社会道德。

杭师大附属湖州鹤和小学就是以空间的方式对当下教育体制的批判。当下的教育，尤其是当下中小学的基础教育，已经在唯成绩优先的体制下走入一种悖论的怪圈，所有的人都清楚地知道应试教育所带来的问题而又不得不深陷其中的怪圈，学生深陷其中，老师深陷其中，家长深陷其中！按照

"形式追随功能"的设计原则，建筑师的工作就是通过空间设计满足教学功能，简单地讲，就是满足当下应试教育体制下的各种规定与规范。此时，建筑师同时也沦落为这个教育体制的又一个"帮凶"。杭师大附属湖州鹤和小学的设计目标就不是对应试教育的迎合与强化，而是将与应试教育关联性最强的教学空间（普通教室）放在了上部较高的三、四层，最方便的一、二层反而是以架空的开放空间为主，部分穿插其中的也基本都是以素质教育为主的音乐教室、绘画教室或舞蹈及体育活动空间。

鹤和小学的空间是以自由空间优先的方式强调孩子们的自由成长。

宁波市图书馆是一个国际投标的落选方案。落选的原因很简单，因为我设计的图书馆不再是一个传统意义上安静读书的地方，而是有些相反，很开放、很轻松、还很"热闹"。除了必要的藏书空间和阅览空间外，更多的还包含各种城市的日常生活，如轮滑广场、儿童游戏中心等，甚至还有一条"街道"由西向东从中间穿过，街道中还有可以自由展示的开放展廊。书不全是用来藏的，而是用来读的，大多数的书可以自由地阅览，这种自由包含读者可以在书上自由标注或随心记录，从而可以继续变成不同读者间交流的痕迹。书不只是一个被

阅读的对象，同时也是一种媒介，重新建立人与人之间的新的关联。读者的对象也不指向"专门"的读书人，而是潜藏着某种刻意的诱惑，并指向更广泛的人群。我们当然要继续鼓励主动读书的人，但我们也需要同时能关照到其他人群。空间不宜过于严肃，阅读也并非都要以学术为目标，阅读也完全可以是一种轻松的休闲。与学校图书馆的学术性相比，公共图书馆可以更倾向与空间的社会责任，空间应该同时主张社会公平！

一个民族的发达程度是看他对待弱势群体的态度，一个空间的温暖程度也是看它对待"弱势"群体的态度。

除了空间的公平还有空间的道德。记得有一年，应该是在广州，因为高架底下的空地中每天晚上都有无家可归者过夜，城市管理部门认为这严重影响了我们的城市形象，并请设计师专门设计了锥形的水泥预制块铺满了高架下方的空地。去年（2019 年）我看到一个法国建筑师的获奖作品，就是利用高架底下的空间专门设计的流浪汉之家。同样的问题，不一样的态度就会是不一样的方法。中国很多建筑都有围墙，这至少可能有主观与客观两个方面的原因，主观上是几千年因封闭与贫穷而遗留下来的小农意识，需要通过明确的边界限定主张空间的权属与权力，客观上是很多建筑需要必要的空间防范措施，并因此形成了我们建筑空间独特的"文化特征"与"空间特色"。说实话，我不喜欢围墙，主观上不喜欢它以对内保护为借口而形成的对外封闭的空间态度，客观上不喜欢它那种简单粗暴的结构形式。但是，也因为这种主客观因素同时存在的原因，在当下的中国，短期内要想消除围墙还是不现实的，这不是建筑师能独立解决的社会问题，尤其是像中小学这种安全要求依然比较高的建筑类型。中小学校园门口的围墙同时是早晚家长接送之处，但目前这种空间界面大多不太友好。一方面，人与车在短时间内的聚集经常会严重堵塞城市交通，另一方面，步行接送的家长，尤其是年龄

1 | 2

1　宁波市图书馆，开放的空间
　　布局

2　扬州梅岭学校花都校区，北侧
　　开放的接送界面

大的爷爷奶奶，或外公外婆都直接暴露在自然气候之中，即使是风雪严寒也只能等在路边。那么我们能不能结合围墙设计同时解决等待功能，能不能通过建筑边界与围墙边界的重叠"消解"围墙，能不能让围墙在完成边界限定与安全防护功能之外进一步超越功能，限定的界面能不能通过范式切换转变为交流的界面。2017年9月设计完成的扬州梅岭小学花都校区就是一座"没有"围墙的小学。学校采用"L"形布局，"L"形开口的东南向布置的是运动场及其他开放式的户外活动场地，这部分开放空间因为没有建筑物所以还是保留有传统的金属格栅围墙。西侧的建筑外墙同时作为校园围墙，西侧基本都是建筑的山墙面和部分对采光要求不高的卫生间等辅助功能房间，尤其是底层，尽量不开窗户，需要的也是开高窗，高窗的下口高度满足围墙的安全防护要求。北侧建筑的主入口立面是此项目的设计重点，北侧的用地红线上没设围墙，后退之后，建筑北侧的一、二层架空，宽度约8m。一层

空间偏西处是入口门厅，门厅西侧是图书馆及和图书馆结合布置的学生社团活动中心。门厅的东侧是餐厅、游泳馆及舞蹈教室。架空处一楼的对外界面以落地玻璃为主，只在安全防护高度以上才有必要的开启窗户。校园北侧的"围墙"实际就是这架空层中继续后退之后的玻璃幕墙。红线内原有后退的但权属上属于校园的空间与红线外部和城市道路之间预留的城市空间因为中间的地界红线上没有了围墙而连在一起，为上学与放学期间的接送及日常城市活动提供了一个更加完整的公共开放空间。玻璃幕墙内部的门厅、餐厅及图书馆成为接送时学生们的临时等待与缓冲空间，幕墙外部的架空空间成为雨雪天气时的等候空间，而空间内的教学活动，包括玻璃上可以不断变换的临时陈列，作为校园生活与文化展示给外部公共空间的一道风景。原本枯燥的等待转换为积极的空间回应，原本冷漠的校园围墙转换成友好丰富的交互式界面。

　　空间不仅只有功能，空间还有爱与关怀！

设计本质上是一种表达与分享

生命可以简单地陈述为三种存在过程。一个是认知世界的过程，即通过学习去认知我们所身处其中的外在的世界；第二个是寻找自我的过程，因为并不存在所谓的客观世界，所以，认知世界的过程实际上就是自我寻找的过程；最后一个是自我表达的过程，即通过自我表达完成自我实现。建筑设计表面上看是建筑师在为空间寻找一种形式上的表达，而实际上是建筑师在为自我表达寻找一种语言的形式，然后以空间的方式与你分享。

我们每个人都不一样，我们读的书不一样，我们学的专业不一样，我们成长的经历与生命的路径也不一样。即使读同一本书，不同人的接受也不一样，文本是离开作者的独立存在，阅读是读者的自我发现。所以，一千个读者，就有一千个哈姆雷特；所以，一千个读者，也有一千个林黛玉。这是认识论与本体论的最大差异。本体论认为世界是客观的，真理是绝对的，社会发展的过程就是对客观存在的不断揭示，是对真理逼近，文本是一个

静态的封闭结构，阅读是对作者意图的终极理解与还原。认识论认为从来不存在客观的世界，没有绝对的真理，世界从大写的人回到小写的我。尼采说"上帝死了"！罗兰·巴尔特说"作者死了"！本体论强调理性、中心、逻辑、秩序、可逆，认识论强调非理性、无中心、反逻辑、无序、不可逆。在认识论的世界里，世界没有本来的样子，从来没有一个完整的大象，大象就是你看到的样子。你摸到的像柱子，它就是柱子，他摸到的像鞭子，它就是鞭子，而我摸到的是扇子，它就是扇子。上帝给我们每个人开了一扇小小的窗口，透过这个窗口我们所看到的是我们能看到的世界。有人说建筑都是有具体功能的，设计不是艺术，设计主要是解决问题，艺术才可以表达自我。建筑当然是艺术，而且是所有艺术中最综合的艺术，是技术与艺术最完美的结合。建筑形式没有客观标准，建筑中的使用功能同样也不是某个固定的客观存在，功能只是一个创作的"背景"，重要的是对功能的理解与表达。

事实上，同一个问题，不同的建筑师的理解可能会完全不同。所以，同一个项目不同的建筑师会呈现完全不同的解决方案，甚至是方向相反的方案。这并不指向谁对谁错，而只是一个建筑师和另一个建筑师的不同，甚至正是这个不同才是一个建筑师区别于其他建筑师最重要的自我价值。可以说，所有的艺术创作本质上都是一种自我表达。我们每个人都是一个生命的旅者，写一首诗，画一幅画，谱一段曲，记录下我们看到的风景。作家是用文字陈述他对世界的认知，画家是用色彩描述他对世界的观察，音乐家是用声音记录他对世界的看法。

同样，建筑设计就是建筑师以空间与材料表述着他对世界的理解与看法。

这种理解与看法包含着人类发展过程中已有的共同经验，也包含着建筑师个人新的生命感知。在共同的认知与经验中我们讨论如何解决问题，在个人的感知与体验中我们分享不同。

这里介绍两个简单的实践案例。

第一个是纪念建筑。在经验的知识结构里，纪念建筑往往都比较强调宏大叙事，而内在的我实际上一直不太喜欢宏大叙事。相对于中心、轴线、对称等宣教式的空间姿态，我更喜欢轻松、随机而平等的日常空间。在浙江梁希纪念馆的设计中，有两个和常规纪念建筑不太一样的设计特点：一个是反纪念性的纪念，我把它称为"为了忘却的记念"；一个是碎片化的空间陈列方式，强调空间的拼贴与非逻辑性。前者是来源于当年我在绍兴参观鲁迅纪念馆和三味书屋时的体验。我是先到的鲁迅纪念馆，鲁迅纪念馆就是那种常识中以被纪念者为主体的名人纪念馆，为了强化被纪念者的形象与身份，这种纪念馆的尺度是放大的，气氛也是严肃的。放大的空间尺度与严肃的空间气氛是以空间的方式对被纪念者的肯定，但这种肯定难免不包含着对去纪念者的弱化甚至是否定，而对去纪念者的弱化与否定会潜在地加大被纪念者与去纪念者之间的距离。到三味书屋时，则完全相反，鲁迅一下子就回到了

一个邻家男孩的形象，非常亲切，非常真实，他和我们小时候的玩伴一样，顽皮、捣乱、翻墙、逃学。这里的鲁迅从抽象的鲁迅回到了具体的鲁迅，从高高的神坛回到了充满烟火味的人间，回到了去纪念者中间。所以在梁希纪念馆的设计中，空间尺度非常亲切，对被纪念者的尊重是通过对去纪念者的尊重完成的。被纪念者与去纪念者在距离消除后的空间中平等相处，被纪念者是可亲近、可学习、当然也是可成为的目标。纪念建筑的教育意义在潜移默化中自然发生。碎片化的陈列方式反映出的是我在日常生活中知识来源的经验。我不反对碎片化阅读，尤其是业余性的泛阅读。即使是作为一名职业建筑师，说真的，我也没有系统地研究过梁思成和林徽因的生平或全部作品，很多对于他们的了解来源于各种不同的渠道，有专业训练中的学习，也有非专业阅读中的片断，甚至包含各种网络传说或茶余饭后的闲谈。那么我们有什么理由要用空间的方式强迫公园里的普通游客必须按照某种建筑师给定的逻辑阅读梁希呢！所以梁希纪念馆的空间布局中，没有过于集中的主题展示，也不强调明确的路径与流线，各种内容以不同的方式，或陈列在室内或弥漫在室外，以片断与非连续的方式融入建筑的

陈列空间与休闲空间以及周围公园的环境之中。我认为随机的阅读或偶然性发现也是生活的重要组成部分，并同样构成知识的主要来源。

第二个是教育建筑。比如说食堂，按照常规校园的总图布置，食堂一般都放在相对边缘的地方，最好还是在下风口，比如在苏州就应该是位于西北角。在这种传统的空间观念中，食堂就是用来吃饭的，但吃饭还不是目的，吃饭等同于汽车加油，吃饭只是必要的能量补充，吃好饭的目的是为了好好读书。但是，在苏州工业园区职业技术学院独墅湖新校区的设计中，我把食堂放在了整个校园最核心的位置，而且还是环境最好的地方，前后都是开阔的广场或运动场（运动广场）。其中包含着我大学时代的某种青春的记忆，因为大学里的食堂是所有同学都必须要去的地方，在那里，你可以看到你想看到的人；在那里，你可以等到你想等的人。大学是人生最美好的阶段，空间是可以储存记忆的场所，生活才是读书的目标！这个设计最终能够实现还有两个重要原因，一个是当时的学院院长单强博士非常赞同这种观点，我们年龄相仿，属于同时代的大学生，虽然大学不在一个城市，但都有着共同的校园记忆。另一个原因是在西北角上作为单

1 | 2

1　浙江湖州梁希纪念馆，西南侧透视

2　苏州工业园区职业技术学院，食堂位于校园的几何中心并面向开阔的"运动广场"

一吃饭的食堂，空间的使用效率很低，只有吃饭的时候才被使用，其他的时间里空间都是被闲置浪费的，而放在校园中间的食堂就转换为餐厅，是可以交往的饮食空间，并可以发展为全天候开放的校园公共活动中心。这个理由就从空间的经济性上同时说服了投资方。

我不太喜欢过于严肃的校园环境，就像我不太喜欢只会读书的"书呆子"一样。相比之下，我更喜欢既会读书又会生活的同学。校园不只是学习的场所，学习只是生活的重要组成部分，空间可以可爱一点，气氛可以轻松一点，空间不仅要回应学习，空间同时要回应生活。

一般来说，想法比办法有价值，而且，有想法终归会有办法。

建筑设计是有业主的（个别自建的情况除外），业主（而不是建筑师）才是空间法律上的主人。空间都有相应的使用功能，私人空间的使用方是私有业主，公共空间的使用方是城市市民。建筑设计中不回避建筑师的个人生活态度，甚至带入个人的生活体验，是不是合适？比如说：这种想法有过调研吗？有多少人能接受你的观点？设计者的初衷与使用者的期待能完全吻合吗？会不会在客观上将个人

的观点凌驾于公众之上？如何才能保证个人的想法在公共空间中使用的普适性……我无法越过业主，我也不能越过功能，但我们更难越过的是自己。"我"才是最真实的。绝对的共性是不存在的，共性只是无数个个性共同组成的整体状态。绝对的个性也是不存在的，所以我宁愿用个性唤醒个性。

给予是危险的，但"我"如何才能置身于我的空间之外？

那么，可以分享。分享是安全的，因为分享是一个开放的概念。建筑并不是通过材料限定一个空间，也不是通过空间限定一种意义，而是在意义的分享中通过空间开启一处场所。空间在根本上也是一个开放的文本，是一个没有方向的媒介。一次设计就是一种分享，和使用者一起分享，分享建筑师对场所与环境的理解，分享建筑师对空间与材料的体验，同时分享建筑师对生活与生命的态度。

功能有边界吗？建筑设计是一个建立边界的过程，同时也是一个打破边界的过程！

空间有边界吗？建筑设计不是限定一个空间，而是通过限定打开一个空间！

本质上讲，建筑设计不是用奢华来存放肉体，而是用空间去开启心灵！

自宅

家的故事

1

1 没有扶手的楼梯

家的故事，其一，以营造一个家为主题的故事；其二，以家为发生场所的故事；其三，以家的建筑元素为语言的故事。

故事的六要素：时间，故事开始于千禧年某一玉簟清秋日结束于次年一个结着白霜的元月之夜；地点，古老的京杭大运河左岸百余米一个平淡无奇的只有六幢小楼的小区内最东边一套复式结构的房屋，楼下 110m^2，楼上 62m^2；起因，生存与生活的需要；事件，栖居的情节与情怀；人物，以画图谋生并自娱的男主人他，以读小说为专业的女主人我。

他在一周之内，看了不超过两个楼盘之后，便付了定金，毕竟时间紧急，经济拮据，没有什么商量余地。这处住宅布局非常传统，挑不出有什么致命的缺陷，可也实在找不到什么可爱之处。可是换个角度想，正因为这套房子的设计缺乏创意与思考，设计师也就遭遇了一次皮格马利翁的挑战。

接下来就是造家的故事了。首先说明，如果说在这个故事中有什么让我深觉遗憾的话，那就是我们请了一支缺乏责任心和专业技能的"绝对业余"的施工队；当然对他而言，这种遗憾还要包括一个像我这样"绝对外行"的施工监理。庆幸的是，他由此得以尝试多年以来的一种理念：还原建筑的本真。建筑的表现力并不仅依靠高端技术和高昂投入。我们需要高科技新材料淬炼出的令人震撼的建筑，我们也同样渴望真正以本质打动人们的作品，去发掘建筑的思想高度而非仅仅是它的绝对物理高度。对中国的建筑师而言，不应仅仅抱怨施工材料、施工队伍及经济投入的不尽如人意；反之，应该反思如何利用最普通的施工队伍和建筑材料

以及最为悌己的成本投入设计出同样有滋有味的作品。

一次试验

出于体恤，我决定做他最宽松的业主，也出于信赖，我决定让他了一夙愿，用我们的家做一次试验。施工队是几个进城务工人员的闲散集合，没有资质、没有执照，更别提专业培训背景了。完工后地板上的漆呈片片水渍，柜门边角粗糙，抽屉抽拉不便，马桶至今摇摇晃晃……施工监理兼采购于一身，纯文学专业出身，看不懂平面图施工图，算不出地板方数，分不清落水管电线管……设计师公务繁忙，平均两周光临现场一次，日出草图一份。也就是在这样的境遇中，一位设计师排除了充斥着生活所有的羁绊，摆脱了来自他人的忧虑，终于能沉思某种美丽的诗意而不必算计，他成为他自己，也最能展示身心中的一种存在。他迷醉于他那皮格马利翁的理想之中，而我为诗意地栖居也坚持着短暂的奔忙。床、书桌、椅子、毛巾架、储物柜、壁炉一个个在每日午夜时分从他笔下跃出，定格在拷贝纸上；次日，我交至木匠，漆匠或泥瓦匠手中；他们貌似严格或敷衍地按照图纸上画得细致入微的线条和尺寸进行实物还原。

解码的过程时时冒出一些误解或疏忽造成的烦恼，可同时也为设计师提供了即兴发挥的挑战：沙发的腿太细了，不成比例，干脆并置一块进行拼贴加固，反而透露出一种随意的设计；餐桌上方的灯线留错了位置，顺势设计了一种与厨房窗户相呼应的十字灯槽，悄悄地将电线引至餐桌正上方；更妙

的是，由于楼上储藏室忘记留线头，无法照明，灵机一动，在一面墙上开了一扇支摘式小窗，并涂成鲜艳的橙色，既解决了储藏室的照明问题，又丰富了视觉的层次和意味。装修的最后阶段，整日里阴雨不绝，江南的潮湿，临河的氤氲，墙上的涂料很难干透，施工技术和施工条件都不允许我们拥有如壁之壁，于是自然即美，他于一次例行视察之后，随意拿起一片塑料刮刀，用美工刀刻出几个不规则的豁口，抹上白石灰后递给我。我？试试？犹犹豫豫地挥臂，我简直不敢相信自己的眼睛，一条细细的虹跃然墙上，墙壁成为真正的背景，期待着每位住居者率性的表白。于是，由于我的涂刷这种个人行为，家的营建得以温馨化，或者说也更个性化。我无法在同一时刻勾画出不同的线条，我更无法在事后重复曾经存在的存在，从而我所书画的墙体在时间、空间、心境的封存中成为无所替代的唯一。

诸多疏忽在设计师那里并不存在无法变通的情况，设计的方案并非设计的结束，而恰恰是设计的开始，设计在施工过程中完善，在他人的解读或误读中生发出意义。方案并非一个终结的存在，并非包孕着无限的所指；反之，它以开放的姿态期待不同的阅读，并发散出无限的能指，为住居者或空间参与者预留出想象的余裕。

故事的故事

时间串起散落如珍珠般闪闪发光的故事，于是便有了生活。生活在本质上不仅是一种营造，更是一种生活。情节流淌在生活的湍流或静水中，变换着表情和呼吸，涂抹着发生的外延并模糊着发展的可能；情节失去唯一性的话语权，情节的意味在于故事人物的体悟；换言之，生活之为生活，不仅要有情节，更要有情怀。情节在本质上是一种时序性的存在，而情怀则指向一种难以言说的境遇。

我们的家，在某种意义上，可以被视为施工过程的标本，在此，施工过程中采用的各种原料甚至

施工的各个阶段都得以展现，钢架、砖墙、石灰粉层、涂料，俨然一个分布有致的工地，满足了发烧建筑师的职业癖好。这一切都那么自然，没有一点另类的感觉，自然亲切得让人有些莫名的感动。过程的美赋予我们许多灵魂撞击的灵感，对话的渴望，还有体味的空间。

客厅的空间是恬淡的，是一个朋友们可以随意席地而坐，或盘腿而倚，脱去繁俗的交谈空间。沿一面墙用两块横板、四块竖板拼搭而成的式样简洁的电视柜；与之相对的另一面墙是与之同长的宽大的被他称为"铺"的木沙发，可坐、可倚亦可卧，摆上小茶几之后，甚至可以盘腿对弈。客厅不大，特别是景深不够，还挑出八角窗。邻居们的处理方式均为装上移门，挂上垂帘，将其封闭成一处晾衣台。窃喜自家楼上别有洞天，为他提供了斗室造园的雅趣，铺上鹅卵石，摆上几盆绿色植物，用一排竹帘隔断。阳光充沛时，放下竹帘，满地尽是斑斑驳驳的树影；仲夏之夜，河边清凉的晚风携带着室外的花香、皎洁的月光飘进来，透过凤尾葵，在竹帘上曼舞，谓之"竹帘剪影"。

我是楼下书房的主人，专攻英美文学，生活在哈代的乡村田野里，梭罗的瓦尔登湖边以及加斯东梦想诗学的世界中。西方文学的背景让我分外憧憬一个铺着厚厚羊毛地毯，垂着落地窗帘的读书之处，一张摇椅摆在壁炉旁边，有烛台、音乐和书。他不屑于这种造作的优雅就哄骗我说，为什么不把最美的留在想象中呢？那永远是你最私密的空间。罢罢罢，最美在最远。不是喜欢在每一个落雨的午后，读书听雨么？他亲自操钻，残忍地在完整的楼板上凿出四个洞，装上四个落水管，于是甘霖得以入室。然而入室还只是雨之乐章的序曲，他还设计了一面玻璃百叶，雨滴沿着百叶，叮叮咚咚，滑入地板上一个养着小鱼的玻璃缸。雨滴的降落是偶然的，滑入落水管是偶然的，沿着百叶坠落的轨迹是偶然的，归入玻璃缸的瞬间同样也是偶然的。一切的美丽源于偶然，源于每一个不确定的瞬间。但

1 竹帘与凤尾葵

我始料未及的是，这处美丽的偶然至今仍安然地躺在模型公司的仓库里，还有我一往情深的思念里。这处风景超越了生存必须，是生活的闲逸奢侈，于是一推再推，生活在路上，故事等待结尾，我倘徉在诗意的想象，好一处"落雨轩"。

由接待空间通向私人空间有一条狭长的过道，略显呆板。他破例在过道正上方的顶棚上做了一条杉木吊顶，并且将书房外墙向内退让，留出一块展壁，黑石灰打底，中性背景让被展示的作品充分张扬。往来者不乏艺界才人，赐各珍作展示于此者可谓知音。

楼梯没有扶手，没有栏杆，像极了陆文夫笔下老苏州的悬梯般深入河中小小水码头。没有扶手，这里便成为台阶，不同的来客均可寻到适合自己高度的台阶，坐在一侧。他说，坐在台阶上读书聊天，给我以孩提时代坐在山花烂漫山坡上的回忆。这种痴爱如此挥之不散，他把这种宽宽大大的开敞式的台阶，从硅湖大学搬到苏州外国语学校，如今又安插到自己的家中。傍晚时分，我在厨房备餐之时，家中除了夕阳、树影、音乐，一定还有一个吊着两条腿悠然自得地阅读的他。沿梯而上，像走在苏州幽深的小巷，尤其是那扇开在储藏室的小窗，小小的、高高的、神似苏式建筑的窗。楼梯上半部

留有一条 15cm 左右的隙缝，最初是为了解决楼下走道和客人卫生间的日间采光问题，没想到，这一道天光，时常投下不可捉摸的异彩，仿佛敏感的人感受到的天空的召唤。

围合的清冥之境

生活讲究境遇，故事讲究情境，生活之中的人们渴求一种心情，属于自己，毋需焦虑，开敞、澄明。空间是自由的，但得于围合之中，正如我们圈地垒墙。我们的家地处苏州开发比较早的一个小区边缘，视野之内，并无赏心悦目之风景，"与其羡慕远方的彩虹，不如浇灌身边的土壤"。他在南北露台上都竖起高高的杉木栅栏，间或镶嵌几片磨砂玻璃，既拒绝了己所不欲的室外空间，又接洽了阳光微风的拜访。割断了视野之后，露台成了一处天井，铺上毯子，摆上小茶几，一壶清茶，淡品人生，这里成为一处与上帝直接对话的空间。他人皆在栅栏之外，一栏之隔的是真我的存在。躺在吊床上，读着心爱的普鲁斯特，我常常感谢生活的这种静止状态。

隔栅和百叶是他青睐的语言，同样也是他围合空间惯用的手法。在书写家的故事时，他又一次选

择了这种语言。客厅里的竹帘是百叶的替身，于是故事的背景由某一小区切换到我们的家；书房的玻璃百叶，轻灵通透，是弥漫于故事之中的韵味；卧室内除了一张大床（确切地说，是一个大大的厚厚的床垫）之外，就只有一扇白色的百叶门，设计之初，我坚决抵制这扇"没有感情，一点也不体贴"的百叶门，坚持要一幕柔柔的能够随风轻舞的细纱窗帘。在设计师胜利之后，作为业主我也曾以拒绝擦洗作为抗议，然而入住几天后一个星星月亮说着话的晚上，清冷的月光洒落了满地，晶亮、细腻，像极了日常白天里的光，却要柔和许多，浪漫的情怀躲在空间的每一个不经意的角落，在黑暗中游离，我莫名地感动起来，也暗暗地钦佩起设计师对建筑语言的顿透与驾驭。从此，我在每一个晨曦洒落的清晨带着好心情披衣而起，而他也根治了睡懒觉的恶习。

家的故事缺少一个崇高的主题，散淡平和之中却凝结着家最本真的温暖和安宁。没有过多的细节和装饰，生活的事件主导着空间，赋予空间家的基本图景和存在状况。没有过多时尚或奢华的家具器物，生活在这里的人事实触及家最真实的质感，最感人的肌理。家之为家，提炼着物质与精神的语言，庇护着最为坦淡的情怀与感悟。物质的空间经历着自然中每一缕微风每一束阳光的阅读，弥散着空间活动者动感的气息，让一切更加熟悉、更加亲切，也更加难舍难分。于是我们只是追求一个故事的发生、发展，而结局只是一个遥不可知的远方。

家的故事起始于营建的过程，而营建的诸多遗憾也在住家情怀中显得亲切。比如一把锁，最初安装时可能只是为了锁闭一片家的安宁，而在若干年后，很可能它却为我们锁存了点滴生活的本色记忆。一开始，这只是一个为了搭建一个家的故事，而以后，这里就是家之为家的故事策源地了。

（摘引自《时代建筑》2003.06 张莉）

摄影：贾立旻 张应鹏

苏州工业园区
职业技术学院

空间形态与空间行为

背景

1 文体中心入口门厅

苏州工业区园区职业技术学院是为配合苏州工业园区的开发建设、更好地服务区域外资企业，由新加坡前总理吴作栋先生提议，于 1997 年 12 月经江苏省人民政府批准建立的一所新型高等职业技术学院。原校址位于金鸡湖西侧，苏州工业园区首期启动区苏茜路、星明街口。一、二期校园建筑分别于 1998 年至 1999 年完成并投入使用。2000 年至 2001 年校园的最后两块场地，也就是三期、四期由我设计完成。这也使我有幸在我国职业技术教育快速发展的初期即对职业技术教育的校园设计进行了较早的实践与思考。

和普通高等教育相比，职业技术教育首先是在培养目标上有很大的不同。如果说普通高等教育强调的是基础型、学术型或研究型的话，那么职业技术教育则偏向于实践性、操作性或应用性。职业技术教育是普通高等教育的必要补充，是科技研发与生产制造之间的纽带，或者更为形象地说是培养白领与蓝领之间的灰领，是现代科技生产中不可或缺且非常重要的环节。

因为培养目标的不同，在教学方式上，职业技术教育也有着不同于普通高等教育的显著特点。比如说"教学工厂"的概念，将先进的教学设备、真实的企业环境与学校教育有机结合，形成学校、实训、企业三位一体的综合教学模式，保证学生毕业后能快速对接真实的生产需要。比如说"量身定制"服务与快速反应能力，"量身定制"是针对企

业岗位需要而进行的具体操作性训练（在实际的教学过程中，甚至经常有针对已完成普通高等教育后的大学生，因为他们有时强于基础理论而实践操作能力欠缺）；快速反应主要是针对现在科技与生产的快速发展、而传统教育的知识更新往往滞后的社会现实。这都是职业技术教育能直接面向企业需求与市场变化的最大优势。

同时由于固有的形而上的传统观念，大众缺少对技术与技能的基本价值认同。在所谓的"一本、二本、三本"之后的职业技术教育中，生源的学业基础与学习习惯也有所欠缺；在所有制体系中，普通高等学校，尤其是知名高校都是国家所有，而职业技术教育则有很多属于民营企业（苏州工业园区职业技术学院即为民营企业所有），政策环境、生存压力、体制保护等都面临着各种考验。

由于受原有用地不足的局限，根据学院的发展需要及园区的宏观规划要求，1999 年苏州工业园区职业技术学院迁址重建。新校址位于独墅湖高教园区星塘街西、东方大道北侧，总占地约 20hm²，建筑面积约为 23.4 万 m²。新的校园设计力图在充分表现普通高等教育校园应有品质的前提下，更加突出职业技术教育与普通高等教育因为培养目标、培养方式的不同所呈现的区别，这种区别甚至也因为所有体制的不同和生源结构的不同而呈现出非常的特点。

1 总图

　　根据规划要求，整个校园主入口位于地块北侧的若水路，次入口位于地块西侧的城市次级道路，与西侧软件与服务外包学院东侧次入口相对。结合主次入口的定位，校园总体分为南北两大功能区，北侧以行政管理、普通教学、图书馆、报告厅、实训楼等教学与管理功能为主；南侧以食堂、体育馆、国际公寓、培训酒店和学生宿舍为主。相对于 23.4 万 m² 的建筑容量与 1.0 的容积率，以 24m 以下多层建筑为主体的校园空间而言，用

地还是相当紧张的，为了在有限的空间内还能尽量完成空间的开放性与趣味性，南、北两区均采用了有机关联的建筑综合体形式，各功能单元在综合体的整体需要下再相对区隔与独立，一条 9m宽的连廊在一层与三层将南北两区连接在一起。从建成使用后的信息反馈，综合体的解决方案不仅充分发挥了土地使用效率，也大大提高了空间使用效率，同时空间的连续性、变化性、趣味性也因此产生。

1　行政楼综合楼北立面

2　行政楼综合楼西立面

3　东北角鸟瞰

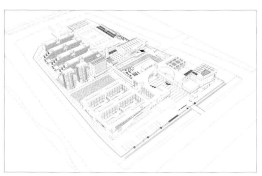

2　标志物

这是一种典型的中国式心理需要，以高度或体量等视觉上的大小以求从周围环境中突出显现。作为一个成长并工作于中国的本土建筑师，这种心理我当然十分理解，尤其是一个职业技术学院，还是民营企业投资经营的，在中国科大、中国人大、西安交大、东南大学、苏州大学等诸多知名学府的环伺之下，这也可能是唯一快速而有效的手段。主入口西侧的综合行政楼所承担的就是这个使命。"综合行政楼"原本是可以没有的，对于职业技术教育而言，普通的基础教学任务本来就少，和教学有关的各系办公室、教研室基本都分散在各学科实训楼中以便和教学实训保持紧密的联系，行政管理更是精炼而简单。这幢楼仅顶部几层为行政办公，下面大部分完全是为了"撑大"它的体量而转移过来的普通教室。由于普通教室对采光与通风的基本要求，而且9层高的体量其实也不高，为此不得不在9层的建筑剖面中塞进了3个宽大的中厅以使建筑体量在横向上进一步放大。然后的任务就是为3个中厅设想其适当的功能而不至沦为纯粹无谓的表现。底部一～二层

通高的中厅既作为整个"综合行政楼"的入口大厅，同时也是企业与学校展示和接洽的开放平台；三～五层通高的中厅为这几层的教学空间提供着一处空中的共享空间；六～九层的中厅有明亮的天光，既使行政管理与普通教学在空间上有了明确的分离，又将四层的行政办公统一在一个完整的气氛之中。3个中厅均偏于建筑的北侧布置，保证了北侧建筑临街主立面上开窗方式的整体性与趣味性，从而完成并加强了其作为整个校园标志性的责任与使命。

3　广场

广场至少有两种功能：一种是为了看的；一种是为了用的。前者往往是为了满足行政领导或所有者关于空间的外在表达，对应的空间状态一般是开敞、宽大与气势，使用的方法往往是乘车于街道上快速经过时的大致一瞥，或陪同参观时的短时停留，或某些特殊需要下的礼仪性场面；后者却是为了生活、工作、学校于其中的人的内

在体验，所对应的空间状态一般是围合、亲切与活力，则更是日常状态下全时段的生活与交往，排斥表面上浮夸的张扬，主张平和的具体与实在。作为一个有着浓重人文情结的建筑师，我当然是站在使用者的立场，致力于后者的发挥。面对这些将在这里生活并成长的年青学子们，我总是真诚地希望我所呈现的空间能陪伴他们哪怕短短几年的健康成长。因为我曾经和他们一样年轻过，因为这个空间与场所将随着我的设计而参与他们的生活，这让我为此充满热情。但是，我必须首先表现出对第一种广场的"热情"与"真诚"，这是我实现理想的前提与保证，所以在苏州工业园区职业技术学院的规划与设计中，广场显现并隐现着四种不同的空间状态，有情非得已的"虚伪"，但更有真情所致的表达。

3.1 礼仪广场

广场位于北侧主入口前方，与若水路隔河相望，没有限定、没有围合、宽敞而开放，24 面旗帜迎风飘扬。整个校园作为广场的背景，以展开的形象呈现给城市，完成了第一种广场应有的礼仪与气势。

3.2 集散广场

借助于礼仪性广场的"气势"，由主入口处向南设计了又一个椭圆形广场。这个广场一方面是礼仪性广场空间的进一步延伸，但同时又因其自身的相对独立与完整，摆脱了礼仪性的空洞与乏味而具备了传统广场所应有的空间活力。至少有三个方面：一是空间所占据的近乎几何核心的地位，周围紧密地分布着"综合行政楼"、多功能厅、演艺剧场、图书馆、报告厅、阶梯教室、普通教室、实训工厂等校园的全部主要功能空间，广泛地承接着各种人流的转换、集散与交往；二是空间的围合感，整个广场近乎五分之四的边界是围合的，仅北

侧五分之一的开口与主入口相对应并连接着北侧的礼仪广场，空间具备明确的向心性与聚合感；三是周边空间形态的丰富性与多样性，架空的底层、宽敞的回廊、平缓的台阶在椭圆形周边的不同位置、不同高度以不同的形态将所有的功能空间串联组织在一起。空间的丰富性与层次感是空间活力的保证与前提。

3.3 休闲广场

在南北两大主要功能区之间的西侧，和校园的西侧入口偏心相对，保证了空间最大限度地不被道路与人流所分割。这个广场具有不同于其他广场的品质与特点，首先是北面、东面、南面的三边围合（实际上西侧围墙与绿化隔离带对空间也是一种视觉与心理上的限定），成就了空间的领域感与场所性；和北侧椭圆形广场之间底部两层架空相连，东侧南北区域的主通道、西侧校园的次入口都保证了人流方便的可达性；这个广场的空间相对较大，东西向的道路直接贴近南侧的体育馆与食堂，主要活动空间靠北以综合教学楼为背景，空间稳定，充满阳光。和集散广场的动态交往相比，这里的气质安静而休闲，一幢二层开放式阅览室以底层架空的方式轻轻凌驾于平平的水面之上，水面东侧结合景观的趣味性台阶不仅使地面与连廊上三层标高连为一体，也形成了一处天然看台，阅览室下的平台和架空空间就是表演的舞台。这是一处可以停留、可以看与被看、可以表达自我与交往共享的校园生活空间。

3.4 运动广场

是"运动广场"而不是运动场，这首先是我的主观愿望。我一直希望运动场不只是一个以上体育课为名义所必要的校园配置，而倡导运动本身就是校园生活与文化的重要组成部分，是校园活力的重要体现。然后是以巧妙的设计为实现这一目

标而努力。"运动广场"与运动场的根本区别在于其"广场"的基本属性，广场一定是要围合，而且单纯的物理（空间）围合也无济于事，一定是以日常生活为内容的围合。这里的运动场在东、西、北三个方向上完全围合（南侧也因为绿化隔离带而天然限定），东侧为学生宿舍，北侧为体育馆和食堂，西侧为各种社团活动中心与清水混凝土看台。这些都是校园的日常生活空间，进一步的努力是将这些日常生活空间中临运动场的一侧将公共性进一步加强。普通宿舍的西侧临运动场处为主要公共通道，连接南北的三、四层处完全打开，形成了居高临下的观赏回廊；食堂的一、二层临运动场处分别架空后退出 16m 与 8m 的宽大平台，使户外的

运动空间与户内的餐饮空间处于一种相互渗透的交织之中。在运动广场的目标之下，运动就不再是某种单一的目标行为，运动只是广场中众多日常内容之一的行为而已了。

4 普通教学空间

普通教学空间是指和基础教学有关的空间内容，主要包括普通教室、计算机教室、阶梯教室以及与之相配套的图书馆、报告厅等。普通教学空间在职业技术教育中不是主要的空间类型，和普通高等教育的空间相比，至少可能有这些不同：首先是总量的比例相对偏小，不能独立形成主体，

1

1　食堂及体育馆西侧立面局部

因此设计中将所有这些功能围绕椭圆形广场统一组织整合，形成完整的教学综合体；二是基本的教学单元偏大以满足必要时能同时置放某些仪器设备以供实验教学使用；三是有大量的阶梯教室（12 个）和报告厅（300 人一个、500 人一个、1200 人一个）。职业技术教育与社会、企业经常保持着紧密的联系，开放性的课堂往往是以各种讲座与座谈的方式进行。1200 人的报告厅还专门设计了舞台和侧台，声学、光学都以小剧场的标准专门设计，这也反映了职业技术教育虽然在基础教学方面不去向普通高等教育攀比，但在学生的素质教育以及文化生活上同样有很高的期待。我多次参加过他们学校的活动，他们多才多艺，敢于表达，自然可爱。

5　教学工厂

"教学工厂"（有时也称为实训楼）是职业技术

教育区别于普通高等教育的最大不同，也是职业技术教育的最大特点。"教学工厂"是从新加坡南洋理工学院引进的关于职业技术教育的教学方法，是在现有教育系统（包括基础理论、实验辅导和项目安排）的基础上全方位营造仿真实践环境的新型教学理念。这种教学模式强调校企的紧密合作，强调职业技术教育与企业人才需求的零距离对接，使理论教学与实践训练有机结合，达到培养学生的实践能力，提高学生的职业素质。

就空间而言，如果单纯从功能出发，"教学工厂"就是工厂，只是简单的空间需求，可我终究是不甘于这种简单对大学校园所本应具有的"形象品质"的"破坏"。我将"教学工厂"布置在校园的东北角，六幢实训楼有机连接成一个整体。东北角是城市的主要交叉路口，整体设计后的"教学工厂"不仅没有影响到校园的形象品质，反而构成了校园最为独特的形象标识。内部功能的布置，根据院长单强博士的安排，从北到南由传统制造产业向现代信息产业逐幢分布；每幢单体内，从下往上由制造加工向研发设计上升。整个"教学工厂"就是一个有着严密自恰逻辑的空间网络构成，形成了职业技术教育建筑中最具特色的空间典范。

6　食堂与体育馆

食堂与体育馆为一幢综合性建筑，底部两层为食堂，上部两层为体育馆。首先它位于校园次入口的南侧，承担着西侧入口处标志性形象的责任，建筑简洁完整，西侧看台及雨篷的清水混凝土代表着力量与朴实；其次它位于整个校园最为核心的位置，可能在潜意识里表达了我对于生命本质的理解与感悟：民以食为天，生命在于运动。体育馆核心且便于到达的位置强化了运动的方便性与日常性；食堂不再是弥漫着各种混合气味的阴湿之所，而是南北都有宽敞的空间与丰富的活力，充满阳光与朝气。以良好的环境为前提，加

上无线网络和笔记本电脑的普及，食堂的开放时间可以从每天三次的短时开放发展为从早晨 6:00 到晚上 10:30 的全天候开放。吃饭不再只是为了填饱肚子的简单任务，而是对美味与美色的同时品鉴与欣赏。由此，食堂也从单一的就餐功能上升到了重要的学习与交往场所。从经济性上讲，还大大提高了空间的使用效率。空间能引导行为，设计会创造价值。

7　居住空间

主要包含普通学生宿舍、公寓和国际交流中心。这 3 项构成完全是延续了新加坡南洋理工学院的经验模式。公寓其实就是套间宿舍，主要用于短期的面向社会的企业培训，两幢 18 层，立面方正简洁，在高度上丰富了校园东立面的城市轮廓；国际交流中心像一个中等标准的招待所（或宾馆），为国际交流、交往与培训提供标准相对较高的空间支持，靠近内侧，安静私密；普通宿舍当然量最大，形式上、立面上尽可能简洁，仅临星塘街作退台处理以丰富城市形象。如果说这部分还有什么特别思考的话，那就是我对普通宿舍在面积分配和配置标准上主张了一些自己的判断。根据教育部相关文件的规定，宿舍的人均面积各有最低的验收标准，本来作为一个以收费为基础的民营职业技术学院而言，改善宿舍的居住环境与标准，很容易获得家长与同学们的青睐，但我实际上却将其标准在保证其品质配套完善的前提下将面积压到最小。这也是前面我所提到的，职业技术学院的同学和普通高等学校的同学相比，学习的自觉性与主动性可能相对较弱，改善宿舍环境反而不利于引导他们积极地参与校园的公共活动。这种设计是针对着特定生源的特定思考。空间会引导行为。

（摘引自《建筑学报》2012.03 张应鹏 沈启明 黄志强 王凡）

1

九城都市建筑设计有限公司
星海街星海国际广场办公室

模糊的诗性

1

1 入口

模糊，表象上的暧昧不明，本质上的不确定性；诗性，开启的是一处放飞想象的梦想空间。想象的空间是不确定的，是偶然的；诉说的精神牧歌却是充满表意的张力，指向的可能性体验则是无边的。

这处空间弥漫着诗性，长久地站立在这里，我不清楚心中萦绕着什么，那是一种难以名状的时刻。我知道，我是被感动了。对于这处空间的感动源自自我意识的理想化复苏，它坚硬、纯粹，而又本色。正如设计师所说："建筑的体验将由主体而发生，设计应只是对可能性的预设，而不是对必然性的假定，空间意义的不确定性超越于空间意义的确定性。所以，作品将独立于作者而独立言语，空间将独立于建筑师而自身游戏。"

在这里，设计人员可以在行政区的入口享用午后的咖啡，可以在会议区的百叶幕帘后远眺都市的天际线，空间的功能性受到了极度的挑战，甚至寸金寸土的室内空间也被慷慨地割舍给了走廊这个公共的过渡通道。这源自设计师长久以来对建筑设计的一贯理念，他深信空间不仅是理性的功能设计，相反，空间的诗意来源于它的非功能性。失去了功能限制的空间，"形态的自由便从约束中解放出来，自由、随意、轻松。空间感受不稳定，意义虚幻而模糊。……整体线索的明确性让位给飘忽感觉的任意组合。"设计师始终相信，所谓的"虚无"之处隐含着某种未曾言明的"丰富"话语。功能空间往往掌握着一个建筑的主流话语，

它不能过于恣意潇洒，而非功能空间处于非主流的边缘，反而能畅所欲言淋漓尽兴。设计师对非功能空间的钟情并非仅仅是对于形式游戏的自我指称，而是力图从差异性和否定性的思维立场寻求建筑设计本质突围的尝试，试图建立更为多样化的开放的符号系统。

在这里，没有一个去所的途径是唯一的，也没有一个地方是人为围合的，模糊性赋予的是想象的自由。设计师常常会在视线抵达的地方突然留出空白，空白的意义在于意义之外，真正的意义恰恰在于没有意义。设计师将这种留白的手法称之为"围而不合"，他认为"围是言说空间的举动，而不合则是呈现出空间的开放姿态。围而不合因为不合的存在导致了边界的模糊性，从而使各空间之间的相互关照成为可能。"这些空白地带是"在"与"不在"的有意缺席，具体有形的"可见"被抽去之后呈现的并非无边的黑暗，而是开敞与澄明。在会议区与临窗的小花园之间，设计师插入一个双层玻璃隔断，这个隔断最初的"功能"应该是"围合"出会议区，然而这个双层玻璃的隔断被装上两层窗帘，一层是穿孔铝合金玻璃，置于两层玻璃之间，另一层是悬轴遮光窗帘，靠近会议区一侧。这处隔断的意义远非围合，当两层窗帘全部拉起时，它是透明的，是视线在远处无法发现的，它可以是无意义的，会议区作为空间的功能性也因此被解构了；当遮光窗帘落地时，它成为白色的背景，为会议区框出一个轮廓，同时也是投影幕布，本身也就具有

了功能意义；当只有金属窗帘拉下时，它又成为暗色的背景。"中间领域不是作为一种确定的东西而存在，它是非常不确定和动态的。中间领域的存在使得有可能将对立物结合起来形成动态的、充满活力的共生。"而这处空间不仅体现了设计师"围而不合"的设计理念，它在动态的不确定性中成为"诗化语言"（Poetic Language），言说出空缺的诗性意义。正如后现代主义建筑师文丘里所言，"正是不确定性凝聚着达到最富诗意的效果。"

在这里，光影的游戏强化了空间的模糊性和梦幻感，你会时常觉得置身于某个并非空间的空间，因为光影在你眼前在你身边跳跃不定，光影漫游于你所能思考的每一个细节，你甚至会觉得这其实更是一个光影的世界。苏珊·朗格认为，建筑应该是"一种幻象，一种转化为视觉印象的纯粹想象性或

概念性的东西"。她的表述过于极端化，而意图表达的则是内在知觉对外在知觉的指涉，或者说在具体表象之下的非理性体验。非理性并不是从根本上否定理性，而是意图恢复一个有弹性的世界。光与影在调和之中呈现出来的幻象真实丰富了感知的灵动，在胶着之中戏弄着空间表层的秩序，把灵感注入缓缓流淌的时间，当然还有这被抽去框架的空间。在闪烁挪移之间，它们掩饰了具象的形式，跳跃之中将目光牵引到未曾感知的空间，体验空间在本真语境中的本色言说。

在这里，色彩也呈现出复调的和谐与层次感。巴赫金曾经论说过小说的多义性与复杂性在于复调的对话。这里的色彩只有黑色、白色、模糊了黑色的灰色，还有橙红色。这并非一个复杂的色彩图谱，但它们的拼贴组合却由于其缺乏理性的规则意

1
2

1 会议室

2 工作区及讨论间一角

1

识而显得十分丰满。办公空间向来是以中性色调的背景渲染一种秩序的美感和科技的力度，但中性色调无疑会强化一种沉闷的困境感，而且这种被广泛认可的手法显得太过拘谨，太没有想象力。空间的弹性在于亮色与背景融合与撞击。橙红色是这处空间中明亮的暖色，它在黑灰色的背景中格外醒目，"像一株被日光放大的野菊在尽情燃烧"。这些"燃烧的野菊"时常会出现在出乎意料的视线之内，比如前台的座椅，黑灰色的背景墙、黑灰色的接待台，那张橙红色的座椅挤在中间，像坚硬的岩石中挺出的一朵倔强的花，它的出现太意外，但也太有生命力。再比如，入口处走廊末端凭空架设了一堵（或两堵）断开的墙，墙体被粉刷成橙红色，这时的色彩散发出的是无形的磁场，它在视线的延伸之处缝合了位于走廊两侧的行政区与设计区的疏离感。

在这里，空间以场所作为存在的方式，场所以精神作为存在的可能性。这处剥离了规则焦虑的空间对于使用者而言，不再是一道虚设的活动背景，而是成为他们生活的一部分，可以挥泻情感，可以展露精神，可以将真实的表象内化为自己对存在的体验，总之，可以理想化地生存。设计者相信场所是有精神的，所以他说"不围而合"，这就像我们说"地"是有"气"的，古罗马人说"独立的本体有自己的灵魂，这种灵魂赋予人和场所生命"。美国建筑师亚历山大认为这种"无名特质"的"场"才是建筑的永恒之道。场所精神也许过于玄妙，但它强调的是一个有个性有生命感的空间以及它散

发出的可以影响空间使用者和经过者的气场。在这种意义上，没有精神的场所是苍白的，它的生命的复苏在于游走于空间的人的行为，但他们的行为应该是自在的，随意的，有余裕来想象生活的，有梦想来设计生活的。

在这里，空间的使用者自由地经营着自己的梦想，当建筑师成为越来越多的人梦想的职业时，他们却越来越远离了这个职业的梦想。优秀的建筑师首先是一个诗性的人，他有想象的能力，他敢于在想象中挑战既定的现实，他甘于为了模糊不明的灵感瞬间在设计中实践生活的诗意。尽管建筑有别于其他的艺术形式很难回避具体的功能主题，但这里依然有虚构的自由。因此，建筑师成为一群戴着镣铐欢舞的艺人。面对一种源自生存、受制于生活的艺术，他们用直觉和梦想勾画生活的艺术。这种担当之下，建筑师实现的除了个人对美的追求之外，还有一种对生活的理解和诠释，一种对当下文明的咀嚼和延续，一种对未来文化的预期和引导。乔治·桑曾说过"诗歌是一种高于诗人的东西。"空间又如何不能具有超越建筑师的诗性？这个梦幻的世界比我们的现实更大、更深，人类永远探索它，尽管我们无法把握它，这种探索中滋生出的精神存活才是力度的体现。

在这里，模糊的诗性弥漫了一切，设计作为工作在这个模糊的场所中终于可以上升为诗意的生活。

（摘引自《装饰》2006.03 张莉）

九城都市建筑设计有限公司独墅湖月亮湾国际中心办公室

设计一种生活方式

1

1 入口接待区

在这里，"品"字形的平面保证了足够的外墙展开长度，在这里，"品"字形的三个部分都是三面采光；在这里，光线均匀弥漫，在这里，风景四面展开。在这里，形式不追随功能，形式是既定的；在这里，功能顺应形势，"品"字形的三个部分分别为行政管理部、方案创作部与综合设计部。在这里，中间是不确定功能的非功能空间，可阅读、可讨论、可休息、可行走也可停留；在这里，非功能空间的周围才是真正的功能空间，全开放的绘图区与相对围合的管理区。在这里，我们感时阴晴雨雪，在这里，我们坐看日落日出；在这里，时间是光影在墙上的流动；在这里，时间是岁月的春夏秋冬。在这里，在苏州工业园区的独墅湖畔，在独墅湖畔的月亮湾国际中心，在月亮湾国际中心九楼的九城都市建筑设计有限公司。

在这里，面向湖面，春暖花开。

在这里，我们终于有了一层自己的办公空间，在这里，我们终于给自己当了一次业主；在这里，我们设计的是形式上的空间形态，在这里，我们设计的是空间里的生活行为。在这里，装饰是被绝对拒绝的，以展示空间的自信；在这里，色彩是被还原的，只有黑与白（仅有的几处红色是消火栓本真的呈现，不是为了装饰的表达）；在这里，细节是被隐藏的，不为表现，而为消失；在这里，材料是

被淡化的，白色的墙、白色的顶、白色的地板、白色的门、白色的灯、白色的家具，所有材料统一在均质的白色之中，不争不抢。黑色的地毯与黑色的座椅进一步地强化着这白色的统一。没有装饰、没有色彩、没有细节、没有材质，在这里，空间回归到最本真的表现。

在这里，室内设计不是室内装饰。

在这里，风是被邀请的。风是友好的东南风，风是最直接的穿堂风；在这里，由东向西，南北向有四道穿堂风廊：综合设计部南北直接贯通；核心筒的东侧，从综合部到综合讨论区，到方案创作部，到图文中心，到计算机房，全线贯通；核心筒西侧，从公共大厅到前台接待区，到宾客接待区，到方案创作部，到3号会议室全线贯通；西侧从总经理室到公共行政区，到1号会议室全线贯通；入口门厅的西侧，穿过北侧的洽谈室也是一条穿堂风廊；在这里，由北向南，方案创作区东西直接贯通；东部的综合讨论区与西侧的宾客接待区通过核心筒中的内部通道直接贯通。

在这里，空中有风吹过。

在这里，景是被截获的。景的截获有四个基本原则：一是风景的最大化，因为独墅湖位于建筑的西侧，建筑平面由南向西偏移近15°，"品"字形空间的南向、西向、北向都面向风景打开；二是风

景的公共化，入口门厅、休息区、讨论区、接待区，包括所有的会议室都面向风景打开，主要的人流通道也因为天然隐含在公共区域的非功能空间之中而享受着最大的景观资源；三是均质化，不仅是公共空间或管理人员的空间面向风景打开，人员密度最大的综合设计部的南向与方案创作部的西向也都面向风景打开；四是步移景移，在空间的组织与设计中，根据人的移动与空间的变化，风景以镜头的方式切换与展开，一个空间的结束之处，另一个风景已悄然展开，或水平的开阔，或纵向的深远，

有时情理之中，有时意料之外。

在这里，风的组织纵横有序，在这里，景的展开疏密有致；在这里，在风与景的交织中享受着自然的恩赐与关爱。

在这里，有外围近 250m 满窗展开的风景，尤其是南面与西面近 150m 满窗展开的湖面，在这里，有内向围绕核心筒东、南、西三边 60m 长、2.8m 高的满墙书架。

在这里，书架是开放的，不再封闭；在这里，取阅是自主的，不用登记；在这里，书是用来阅读的，不是用来收藏的。在这里，阅读是被诱惑的，不是被强制的；在这里，阅读不是为了工作，而是因为喜欢。在这里，专业不是唯一的，而是尽可能广泛；在这里，书是公司买的，但是大家挑的。在这里，图书馆位于风景之中。在这里，阅读不再是一项工作，而是一种休闲。在这里，图书馆是空间的核心，在这里，工作围绕图书馆展开；在这里，不是图书馆位于工作室中，而是工作室位于图书馆中。在这里，不是在图书馆里学习，而是在风景中读书；在这里，不是在图书馆里学习，而是在图书馆里工作。

在这里，是工作室，在这里，似图书馆；在这里，时空已穿越，切换为那似曾相识的记忆。

在这里，满窗的湖光是一道风景，在这里，满墙的书架是又一道风景；在风景中读书是一道风景，在图书馆里工作是又一道风景。在这里，读书开阔着你的心胸；在这里，工作丰富着你的阅历；在这里，空间呈现的是眼中的风景，在这里场所开启的是心中的风景；在这里，你在窗前看风景，在这里，你就是窗前的风景；在这里，风景装饰了你的窗，在这里生活装饰着你的梦。

在这里，我们希望你的视觉是打开的，可以收纳满窗的风景；在这里，我们希望你的嗅觉是打开的，可以感受满架的书香；在这里，我们希望你的触觉是打开的，可以享受风的轻抚。在这里，我们希望你的味觉是打开的，这里有湖水的温润，这里有清茶的芬芳；在这里，我们希望你的听觉是打开的，这里有风的声音，这里有水的声音，这里有吴侬软语，这里还有钟声涤荡。

在这里，我们还希望你的思维是打开的，可以充实知识；在这里，我们还希望你的心胸是打开的，可以包容世界；在这里，我们还希望你的记忆是打开的，可以将这一切存储，只要你来过、看过或工作过，我们真正的希望这一切的一切都终将成为你记忆中的一道永恒的风景。

假如认为工作是为了别人，假如认为生活才是为自己；假如工作因此而辛苦，假如生活因此才幸福；假如认为工作是为了生活，再假如为了生活，工作是注定的不可回避，再假如为了生活而恰恰失去了生活；那么，最好的方法就是将工作转化为一种生活。

在这里，这就是我的全部努力。所以，在这里，非功能空间是被绝对强调的，功能空间是从属的；在这里，图书馆是被绝对强调的，工作空间是从属的；在这里，空间的开放是被绝对强调的，空间的限定是被限定的。在这里，空间是均质的，是没有等级的；在这里风景是公共的，而不是私有的。在这里，人与电脑的关系是被淡化的；在这里，人与人的关系是被强调的。在这里，读书倾向一种日常的兴趣，而不只是为了工作的需要；在这里，工作是游戏的而创造是被鼓励的。在这里不只强调理性的逻辑思维，在这里更加强调激情与梦想。

在这里，工作不仅仅是一种工作方式，在这里，工作更是一种生活方式。在这里，我们工作，在这里，我们生活。

在这里，我们读书、工作、看风景。

（摘引自《室内设计师》2012.07 张应鹏 卫嘉明 王凡）

1

1 西侧办公室及窗外湖景

1　办公区

2　办公区及远处的会议室

3　窗前的又一道风景

浙江湖州梁希纪念馆

为了忘却的记念

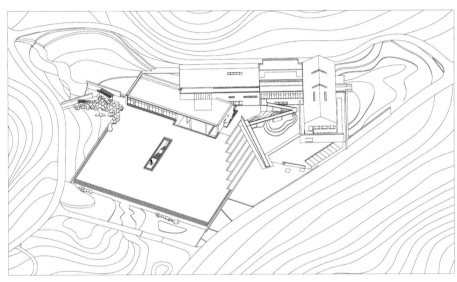

1	2	3

1　西侧远眺

2　总图

3　南侧轴测鸟瞰

　　从某种意义上讲，梁希纪念馆是一次关于"反纪念性"纪念建筑的思考，是"反逻各斯中心主义"在建筑设计中的一次探索与实践。和古典主义、现代主义的很多传统经典法则相反，"反逻各斯中心主义"的设计不再强调中心、对称、整体性、确定性、必然性等纪念性建筑中仪式性的空间价值，而是转向了边缘、随机、片段、不确定、偶然性等日常性价值取向。梁希纪念馆的纪念性不是以建构的方式强化空间，而是以"反纪念"的方式融入日常生活之中，并因此从"为了纪念"的纪念走向"为了忘却"的纪念。

　　纪念馆位于浙江省湖州南郊梁希国家森林公园北侧，距南侧公园主入口约600m，三山环抱，溪水清澈，自然幽静，曲径通幽。建筑共3层，剖面结构中，地下一层有通道可向南到达水面上的梁希主雕像，地上两层沿北侧的山坡依势而建；平面布局上，3900m²的建筑面积拆为从东到西3个组成部分，西侧二层的退台在体量上减少了建筑竖向空间尺度并为二层的公共空间提供了良好的观

景平台。东侧和中间部分有一院落分开，保留了原有场地中最主要的一组水杉；3组空间和南侧水面一起在平面上围合成一小型集散广场，广场向南和东侧的道路直接相连，广场北侧一条"之"字形坡道在绿化与坡地之间穿行并通向二层；建筑的"主入口"偏于西侧一隅。

　　和建筑形式的随意性相反，纪念馆西部南侧几何化的边界将水面刻意地从周围自然环境中独立出来，水面近正方形，长宽约60m×60m，水由两侧的自然山涧汇聚而成，梁希的主雕像平平地立于水面中央。

　　坡道作为建筑形式的重要表现却没在方向上指向主入口，而仅是为了消解主体建筑的尺度与体量，作为空间布局的重要前景，在秩序上也不是指向空间的开始，而像是等待着流线的结束，或者，从某种意义上讲这座建筑根本就没有主入口，因此也不存在开始与结束的逻辑秩序。参观者与雕像间被宽阔的水面相隔，相隔的水面上神秘的纪念性在悄悄升腾，而经地下从侧面到达雕像的路径又将

这种纪念性直接否定；水面的几何化刚刚将纪念性从自然中强化出来，却又瞬间消失在水面倒影的山色流云之中。无中心、不对称、尺度亲切自然、逻辑轻松随意，梁希纪念馆的建筑空间以自然的方式融入自然环境之中，而纪念性以反纪念的方式融入反纪念性的建筑空间之中。

梁希 1883 年 12 月 28 日生于湖州南浔区双林镇，早年留学日本与德国，著名林学家，我国现代林学的开拓者与奠基者，新中国第一任林业部部长。纪念馆西侧设计的临水茶吧，同时是森林公园重要的公共休闲配套场所，茶吧和阅览相结合，陈列着与梁希及林学相关联的各种书籍；中间部分二层西侧的流动展厅对社会公众开放，不定期地举办各种公共类展览，并因此导入不同的人流。从某种意义上看，这些日常功能的介入与其说是对建筑空间中传统纪念性的消解，也可以说是反纪念性纪念的设计策略。和梁希直接相关联的展陈空间有 4 个：1 个梁希全部生平的主展厅、2 个多媒体展厅（1 个为"小陇山记"，1 个为"美丽中国"）和 1 个"梁希与九三学社"的主题展厅（梁希曾任九三学社中央委员会副主席），分别位于中间部分的一、二层和东侧部分的二层。连接这些空间的通道宽 4.5m 左右，是特意加宽的，并有良好的天光和窗景，陈列着与世界林学相关联的各种知识与内容，是走道，又是展廊。我们在世界林学知识的背景中缅怀梁希，我们又在对梁希的缅怀中了解世界林学知识。另外，总建筑面积有近 1/3 的空间没有围合，直接开放为梁希森林公园的公共活动场所，各种和梁希或林学知识相关联的内容经意或不经意地点缀其间，为公园中漫游与休憩提供着更多的空间可能。内部空间与外部空间相结合，日常功能与纪念功能相结合，目标行为与漫游行为相结合，对梁希的纪念与学习在空间、功能与行为上以日常的方式全面介入在公园的日常生活之中。

反纪念性的纪念也同样表达在展览内容的展陈方式上。首先，在流线上没有或者不强调完整而明确的参观路径，东侧、西侧、北侧均有入口和公园人流相对接，非纪念性的日常功能和常识性的公共内容穿插其间，空间布局强调非连续性的片断，参观者随机的偶然性取代了空间预设的逻辑性；其次，不试图通过空间上的封闭与隔离将参观者诱入被纪念者过去的某种特定的生活场景，开放的庭院与窗景明确地肯定着参观者的现实身份。我们是回观过去，我们不可能回到过去。庭院中的各种陈列是室内展陈内容的重要组成部分，如梁希主展厅庭院外的双林镇景图和小陇山记庭院外的老式蒸汽火车、牛车和毛驴等，呈现并丰富了不同的陈列方式；不断转换的户外窗景是被精心组织并积极介入到内部空间之中的，这里有苏州园林景窗的启发，但更加宽阔而自然，此时，窗外的风景又成为展厅中最好的展品，和室内静态林学的展陈内容相并置，并因季节与气候的变化而充满生机。

与功能的多样性、流线的多样性、空间的多样性以及行为的多样性相一致的还有梁希纪念馆中材料的多样性，炭化木、铁锈板、毛石、清水混凝土穿插其间，自由拼贴与组合。梁希纪念馆中的材料以多样性与纯粹性相对抗，以时间性与永恒性相对抗（炭化木与铁锈板的弱耐候性呈现着时间的变化），这是一种选择，也是一种态度，表达着设计彻底走向反纪念性的初衷与决心。

不夸大、不崇高，亲切而平等；不严肃、不仪式，自由而日常；不纯粹、不鲜亮，自然而柔和。梁希纪念馆中的展陈不是被强制约定的，而是可自由选择的，梁希纪念馆中的纪念不是主张膜拜的，而是被真诚相邀的，梁希纪念馆中的梁希不是被神话的，而是被尊重的。如此的梁希才是真正可被亲近的，甚至是可被超越的。我想这才是纪念性建筑真正的纪念意义，这应该也是作为被纪念者梁希的最美好愿望吧。

（摘引自《建筑学报》2015.10 张应鹏 王凡 钱弘毅）

1

1 联系一、二层的坡道

1　冬日里的清晨

1

1 南侧全景

1　临水书吧南望，外部环境形成
　　一幅山水画卷

教育建筑的
教育意义

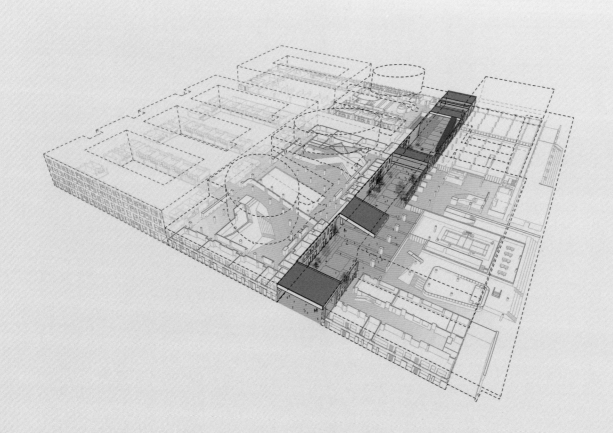

1 | 2

1 苏州吴江区苏州湾实验小学，
中央游廊分析图

2 杭州师范大学附属湖州鹤和小
学，东立面

事实上，我是以反思与批判的姿态进入教育建筑的建筑设计的。多年来，对应试教育的反思与批判已逐渐成为我在教育建筑中的主要设计策略，并因此形成了某种与之对应的空间特征。

应试教育强调课堂教育，教室都是以固定班级为主，尤其是中小学校，所有普通教室就是所有班级的固定教室。小学 6 轨 36 个班就有对应的 36 个普通教室，中学 10 轨 30 个班就有 30 个对应的普通教室。普通教室是校园中最普通但也最重要的功能空间，普通教室在校园中的位置能直接反映出这所学校的教学方法与教育态度，所以大多数普通教室都处于校园中最核心的位置。苏州太湖湾实验小学的普通教室就不在校园的中心区域，而是偏离在校园的最西侧。校园东侧是运动场，紧邻运动场的是大报告厅、风雨球场以及美术教室等文体空间。最重要的核心部位反而是三个没有具体使用功能的中庭和开放与半开放的院落，中庭周围是和素质教育有关的专业教室，中庭上方是图书馆、合班教室及多功能厅。杭州师范大学附属湖州鹤和小学的空间态度是在垂直的剖面方向中完成的。鹤和小学中的普通教室主要是布置在离地面较远的三、四层平面，而相对方便的一、二层空间中，大多是没有具体功能的架空空间及与素质教育相关的舞蹈教室、音乐教室、美术教室、计算机教室等专业教室和图书馆等。

空间的位置决定空间的地位，苏州湾实验小学和湖州鹤和小学的设计都是通过位置上的优先在空间上主张着素质教育优先。

整个学校就是一幢建筑，这是苏州湾实验小学和湖州鹤和小学在空间上的另一个共同特征。相对于简单的功能分区，我更喜欢复杂的空间组合，和组团清晰、行列式布局的传统校园空间相比，我更倾向相对集中的"教学综合体"。空间不只是简单地解决功能问题，解决问题只是建筑设计中技术层面的工程问题，更重要的还有空间品质与空间态度。记得有一次学术活动上有人曾问我：你同时学过工科和文科，能简单地描述一下工科与文科最根本的区别是什么？我认为工科的学科目标主要是解决问题并强调效率，与之相对应的学科评价则是解决问题的方法越简单越直接越好，而文科更倾向启发与批判，人文学科不排斥多义性与复杂性。这就像园林空间中的"桥"与"径"，如果仅仅是以功能前提，以到达为目的，则越直、越短越有效，实际上，园林中更多的是曲桥与曲径。园林空间是典型的人文空间，人文空间中，体验超越功用，过程比目标更有意义！"耦园住佳偶，城曲（才）筑诗城"。

建筑本体   有机连接体   全新教学体

建筑从来都不应该只是一个被动的被简单使用的物理空间，建筑是在被使用过程中，空间与人所共同形成的多义性场所。

功能复合则空间复杂，空间复杂则路径也会随之复杂。记得鹤和小学钟琴英校长有次和我说，学校刚开始投入使用的时候，因为没有明确的流线与路径，老师们也不知道怎么引导孩子们从西侧的教室去向东侧的运动场。学校为此还做了一个测试游戏，让孩子们自主选择各自喜欢的行走路径，然后老师们在旁边观察记录。很有意思的是孩子们会有各种不同的选择，而且大多数还会有意挑选那些不规则、不直接的路线。

片断的知识不构成能力，能力主要是对知识的链接与重构。重要的不是知识，重要的是能力。人是这样，空间也是这样。重要的不是简单地并置多少具体的空间，而是能让有限的空间可以在各个向度上多重组合。教育是一件很复杂的事，因为面对的是很复杂的人。简单的空间容易解决简单的问题，复杂的空间才能面对更多不确定的状态。

这并不是说我一定就反对用简单的方法解决复杂的问题，因为我同时知道，简单其实是一件非常不简单的事！

对素质教育的鼓励还表现在非功能空间的应用中。功能空间重要，非功能空间同样重要，课堂学习重要，课外活动也同样重要。非功能空间并不是没有用的空间。江苏省黄埭中学是一个改扩建项目，其中有需要保留建筑，有需要改建修复的建筑，有需要拆除的建筑，还有需要补充新建的建筑。项目任务书也非常清晰，有吃饭的食堂，有睡觉的宿舍，有上课的教室，包括图书馆、报告厅、办公室等，所有必须配备的功能一应俱全。但这同时也是一份及其功能（利）主义的项目任务书，没有任何"多余"的空间。这种功能主义的潜在前提就是：学校是用来读书的（尤其是高中），学习是为了考

1 | 2

1 江苏省黄埭中学，植入廊道

2 江苏省六合高中改扩建

试，吃饭、睡觉也都是为了考试。设计中我额外增加了 4000 多平方米的"多余的空间"。表面上看这 4000 多平方米开放与半开放的连廊，只是把原本各自独立的新老建筑连成了一个整体，但实际上的意义要比这大得多。这并不是一个简单的物理空间上的风雨走廊，而是在对行为与路径的分析与研究中重新建构了一种新的校园文化。这里是走道空间，这里也是展示空间，这里可以是交往空间，这里还可以是等候空间。有时候没有用的也是最有用的，交往与自我发现本就是成长的重要组成部分。

教育建筑不能只是满足于应试教学下的空间载体，空间同时需要激发活力并伴随成长。

食堂与运动场是校园生活与学习中两项重要功能，也是校园空间中两个最不受待见的功能场所。食堂属于后勤配套项目，厨房做菜有气味，餐厅吃饭也不易清理，食物与垃圾进出还需要专门的运输通道。因此，为了不影响整体环境，大多数食堂都布置在校园中某个相对偏僻的角落。运动场的位置也很尴尬，要不就偏在主体建筑的一侧，或干脆远离教学区，因为运动场运动产生的噪声会影响教学区的日常教学。

食堂的建筑面积是和学生的数量对应的，规模一般还都不小，但一天最多也只用三次，如果没有寄宿学生的话一天就只有中午午饭一次。在使用面积从来都很紧张的校园空间设计中，完全可以直接将食堂上升到功能更加多元的学生活动中心，这不仅是在经济上提高了校园空间的使用效率，最重要的还有功能性质上的变化。食堂是后勤配套项目，属于辅助空间，而学生活动中心就是最重要的校园公共空间。公共空间就有与公共空间所对应的空间品质，公共空间就有与公共空间所对应的空间位置。所以，我设计的校园中，食堂都在重要的空间位置上，有的位于校园中间，有的紧邻校园主入口，都有开敞的空间和明亮的光线，吃饭只是日

常活动中的一项功能而已，甚至吃饭还转换为日常交往的行为媒介。位于入口处的餐厅还可兼用手工活动或厨艺课程等日常教学，同时还是中小学放学时候学生或家长们的临时等候空间。

城市规模越来越大，学校越盖越多，学校的用地也越来越紧张。作为校园空间中最大的室外空间，运动场只是在上体育课时才能派上用场，被边缘化的运动场没有融入校园空间的日常使用之中。在苏州工业园区职业技术学院独墅湖新校区中，我第一次提出了从运动场到"运动广场"的概念。运动场只是上体育课时的运动场所，而广场包含并组织日常生活，运动广场中运动只是日常生活的重要组成部分。南京河西九年一贯制学校用地尤其紧张，还不甚合理，没有入口广场，也没有礼仪广

场，运动场直接设计为校园的中心广场，所有建筑围绕运动场展开，运动场既是体育课的运动场所也是校园真正的生活核心。南京六合高中的改扩建则是一次顺势而为的巧合。和大多数学校一样，原六合高中的运动场位于原教学区东侧校园用地的边缘。此次改扩建的主要内容就是拆除这一组教学楼并重新设计建设。运动场在教学区边缘（尤其是东侧）似乎是约定俗成的基本定式，原改扩建方案中新建的教学楼还是保留在原有教学楼的位置。由于学校的日常教学还要正常进行，基本建设不可能在一个假期内快速完成，学校中也没有其他可供腾挪的多余场所，所以原方案采用的是拆一栋建一栋、边拆除边建设的非常复杂的局部腾挪的建设方案。这样建设周期就非常长，计划至少是5～6

年（黄埭中学也是差不多6年）完成，而且实施过程中施工与日常教学的相互干扰也非常严重。我们的方案是利用东侧现有的运动场一次性建设新建的教学楼，这样既不影响现有教学区的日常教学，还可以方便地下室的整体开挖，缩短了建设工期还大大提高了核心城区的土地使用效率。项目完成后，原核心教学区用地转换成为新校园核心区的运动广场。新建教学楼位于校园东侧，面朝运动场的西立面是教学楼中各功能之间的主要通道，加宽的走道与逐层退台的走道以看台的方式在行为与视线上又进一步加强了运动广场的定义。我喜欢广场，喜欢广场上运动的活力，这本是校园文化最重要的组成部分。

以问题为导向的解决方案，表面上看是在解决问题，实际上也是在回避问题。确实，气味是食堂的缺点，声音运动场的缺点。但重要的不是有没有缺点，所有的事情都有缺点，重要的是有没有特点！甚至是如何通过设计将缺点转化为特点。这才是真正教育学上的意义。

家长接送是中国中小学的普遍现象，也已经成为中小学校园入口处的普遍城市问题。外部往往没有足够的空间退让，家长的等候空间很不友好。入口有广场，但更倾向视觉上与心理上的某种礼仪性需要，学生们的等候空间也不友好。广场还被围墙封闭在校园内部，无法参与到外部的接送空间中，接送边界成为城市与学校互相推卸责任的场所。太湖湾实验小学就没有入口广场，而是内置了一条18m宽贯穿南北的"街道"，这条"街道"隐藏着一个南北200m长的家长接送与等待的空间。"街道"南北围墙处各有一个可以管理的出入口，在接送时由北向南单向开放，接送车辆可以穿行而过，上空的连接和两侧的部分架空空间也是接送等待时遮风避雨的场所，"街道"两侧是门厅、餐厅、舞蹈教室及美术教室等公共教学空间，透过底层的落地玻璃可以看到校园内部的活动场景。等待不再是一个消极的被动行为，原本消极的接送空间转换成为一个积极友好的互动界面。在扬州梅岭小学花都校区，这一友好的互动的界面从瞬时可开放的内部空间直接发展为对外开放的城市界面。梅岭小学的主入口没有了"围墙"，围合校园的物理界面在北侧（主入口侧）和建筑主体底层后退的落地玻璃融为一体。外部后退8m两层通高的架空空间既是接送时的等候空间，也是校园对外开放的文化展廊。学校没有传统意义上的入口广场，入口处的后退空间和用地范围外的城市空间一起共同形成了更加积极开放的外部空间。

接送问题本质上是一个社会问题，也是一个校园围墙之外的社会问题。但对更广泛意义上社会问题的关注，本质上不也正是更广泛意义上的教育学问题吗？！

1

2

1 苏州吴江区苏州湾实验小学，可限时对城市开放的校园内部公共"街道"

2 扬州梅岭学校花都校区入口轴测

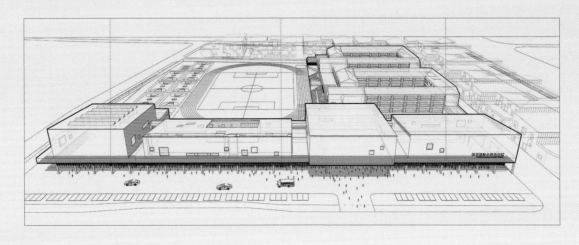

苏州吴江盛泽镇实验小学幼儿园

"稚"序之内，功能之外
——基于"轻"功能空间的思考

盛泽镇实验小学幼儿园有 27 个班，外部环境显得平淡杂乱而不甚理想。具体的设计操作从基地环境的限制条件开始，以与城市博弈的态度启动空间逻辑。带着对"存在一空间"本质的思索，设计试图营造出回归知觉体验的孩童空间模式；内向世界围绕"轻功能空间"展开，包容多样、自有一方天地——是为设计的缘起。

1　空间策略——"轻功能空间"概念解析

从类型的角度对幼儿园的空间属性进行甄别，可梳理出两类基本的功能要求和相应的空间属性。第一种属性是"可教授的"，包括可控制和可训练的一系列学习程序、可明确记忆的功能（吃穿住学）和空间特性（规范控制的 120m² 的单元间）；第二种属性是"可激发的"，涵盖目标使用者——幼儿的各种"游戏"性质的行为体验。第一种属性显示出一种规则和秩序之内的逻辑；第二种属性更多属于对空间存在方式的深层意识范畴，空间构成形态上更为轻松、模糊，充满偶然，常常是建筑师好奇与投入热情的领域。事实上，近年逐渐成为"显学"的现象学强调回归建筑本身的体验，赋予"游戏"类空间属性——行走、停留、审视、交往、嬉戏中的感知更为重要的本体性意味。

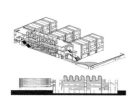

1 | 2
  | 3

1　西侧入口立面

2　共享中庭

3　轴测解析——"轻"功能中庭空间

在这个作品中，设计者将两种属性转换为对立统一的空间语言，用一种"轻功能性空间"，与那些明确的主要功能空间在思想方面相抗衡。"轻"——顾名思义是赋予空间更为轻松的含义，与明确的功能性空间相对，它具有更加丰富多变的可能性；充满或然性、随机性，甚至是浪漫的，激发人的体验、创想和空间意味。具体建筑类型中的功能性空间与"轻功能性空间"的比例会因建筑类型不同而不同，有时，也会像对左右脑的开发、感性与理性的纠结。对幼儿园来说，如何在启蒙教育训练的 120m² 的方盒子基础上，"悬置"轻功能性空间去引领、融合他们，去重新获得本质性的体验、"游戏"中的审美愉悦、开启幼儿的空间记忆之门成为设计团队投入设计动力的切入点。

2　秩序内外——空间组织

2.1 "轻功能空间"介入

"轻功能性空间"的本质是自由的，尚未被功能秩序的条框所束缚，是处于功能性和未设计中间地带的场所。在盛泽幼儿园项目中以入口中庭及多功能综合空间为此代表例证。入口续接的挑空 3 层的中庭及围绕之布置的几组"综合操作室"是建筑由"场外"至"场内"过渡转换的"轻功能空间"

的开端及"场所精神"的重点所在。内庭梯段放大尺度的坐人台阶提供了组织剧演、集会、展示的停留和交往行为空间——皆可以广义地纳入到"游戏"的概念当中去。明黄色的天窗采光装置设计巧妙而优雅地引入有组织的自然光,为幼儿感知、体验和记忆这个重要的公共空间提供了光的基础性要素。入口大台阶正对的墙顶一道线性狭长天光提供给展示空间明亮的背景。中庭两侧墙面上现代性开洞手法结合明快的色块构成在美学感知的基础上,激发、引导着二、三层的行走空间与首层开放空间的互动"观望"。围绕中庭设置的若干综合操作教室也是基于此类"轻功能性"思考,对突破现有体制的素质教育可能性的一种应对。

2.2 秩序内基本功能单元与异质活动空间

活动休息一体室是幼儿园主体的基本功能单元。现行教育体制的统一管理和建筑规范的严格控制使得这些约 120m² 的方盒子紧凑地容纳了幼儿基本的生活学习内容;在这里吃穿住学都是被明确地引导和训练的。理性管控和被动型学习在空间形态上得到了充分的反映。基本单元空间也可以是设计恰当的、舒适的,满足教师和幼儿的基本使用需求;但却是以统一管理为主题的、教授和反馈都有明确预判和评价标准的——从某种意义上来看是过于有效的(效用超前于主体的主动吸收),却又无可回避。

这也启发建筑师在基本功能单元及其强大而理性的组织逻辑之中插入更具体验性的异质性空间。

中庭的另一侧,与活动休息一体室相对并置、分层插入平面端头的图书馆和多功能舞蹈房,同综合操作教室一样,属于设计任务书明确要求功能之外的、超出常规幼儿园配置的异质活动空间。这里的"图书馆"是一处供幼儿自由嬉戏、自发阅读的空间,项目针对之专门进行了游戏场地化的室内设计。二到三层挑空的多功能舞蹈房被白色穿孔吸声石膏板包裹,尺度相对使用者显得开阔、高耸加上散布圆形光源的照明顶棚设计,使之具有类似万神庙一般的精神导向的空间意味。其中随机散布的既有圆形天窗透入的自然天光,又有柔和漫射的人工圆盘状光源(模拟天光);几何形控制的顶光照明将自然和人工合而为一。这个开阔、向上引导的场所却是用来在阳光下排练、起舞、表演(亦属游戏的一种)用的;其使用功能和三间体验的反差殊为有趣、意味深长。

幼儿园通过中庭、垂直交通、台阶、各层彩色地坪的走道和基本单元入口的色彩引导,将理性的基本功能单元和"意外"的异质性空间有效地串联、融合起来,构筑出一套交流和互动联系的交通空间系统。由此,将功能之外的空间要素,编织、穿插进基本"功能单元"的理性秩序中,营造出一个更加丰富多彩、"对立统一"的整体性空间系统。

3 空间感知——行为系统

3.1 空间质感与色彩

从环境行为视角来看，地板、顶棚、墙体及窗洞的质感、色彩构成是对儿童心理、视觉理解和身体感知的应对方式。这种色彩上的策略也编织进了各层活动休息一体室——组合基本单元的走廊、引导入口和建筑立面开口处理。设计运用简洁明快的几何图案构成的立面语言——架空的圆柱廊、立面开口、凹进、异形体量对比；明艳醒目的黄、红、橙、绿色彩体块——墙面、窗洞、分层地坪、出挑阳台板；富有质感的仿石涂料饰面、楼梯间玻璃钢材质的细密格栅……从几何形式、色彩、材料和细节上营造现代性的空间质感体验，引导尚处于心智启蒙时期的幼儿在"轻功能性空间"的游戏感知过程中获得更加富有审美引导、形式认知的空间识别系统。

3.2 行为模式与场地

由内而外，场地系统同样依据幼儿活动行为的需求而设立，在满足幼儿园建筑活动场地要求的基础上，将室内外场地的过渡空间、活动中庭、开放看台、屋顶场地融为一体。游戏的场所体验在室内外呼应、一体化的场地系统中得到充分的强调和不同的气氛调节、精神指向。3组教学单元围合的分班活动场地静谧而温馨。南端由异形空间、水池和院墙围合的集中开放活动场地适合晴好的户外聚集活动行为；分布在室内的中庭、台阶和楼层走道观望、展示等活动场地借由天光提供了更为内向控制的、人工结合自然的活动体验。

尤为特别的是天台上的多界面限定的屋面活动场，提供的是一种对高空的仰望和遐想。幼儿在屋顶的3个不同尺度的椭圆形开洞下安全地游戏，同时体验着室内外过渡、以几何形控制自然要素等基本的现代建筑空间构成语言和场所意味。

值得一提的是，家长等候区及其南向院墙是设计中一处有意识的"闲笔"。通过一道开着大大小小圆窗的"院墙"、引导性的圆柱列和上方渐隐的三角形顶棚，幼儿园提供给接送孩子的家长、老人一处接近、等候、观察幼儿活动的休憩场所。小小的"观察游廊"却是对家长保护和牵挂幼儿的心理和行为模式的关照。更为有趣的是，透过这些圆窗，家长似乎同时能够看到过去与未来，是对幼儿的展望，又是对自身童年、童心的思索和回望。可否这样理解：有关存在方式、空间本质和场所体验的思考更容易在秩序之外非定型的"轻功能空间"得到体现——任何合理的"人"的需求都可以在设计过程中探寻、在实体空间中得到响应和容纳。

（摘引自《建筑学报》2015.01 孙磊磊 黄志强）

1 南侧临街立面

2 三层处侧墙上的洞口看向中庭

浙江舟山市普陀小学及东港幼儿园

游戏的空间

1

1 山脚下的"乐高积木"

浙江舟山市普陀小学和舟山市普陀区东港幼儿园的建成带有强烈的不真实感，甚至给人以置身乐高玩具柜台的错觉，但同时，这个色彩缤纷的盒子却充满诚意地传递出儿童所特有的游戏感和童趣。与其说这是一次严肃的建筑实践，倒更像是建筑师对儿童搭建游戏的一次兴致勃勃的模仿。在这个通过模仿儿童的搭建行为而完成的教育建筑中，空间的主体具有不可辩驳的唯一性，空间的话语权也理所当然地回归其真实的主体——儿童。

在为儿童设计空间时，令建筑师困惑和尴尬的是，即便是从最为美好的意图出发，完成的也很可能不过是成人对儿童所臆想的关怀，或者说，建筑师通常会情不自禁地强加给儿童一个"理想空间"。这样的"理想空间"，在理想的状态下，是由宽敞的教室及其现代化设备，明亮温暖的休息空间以及安全的户外活动空间及设施所构成。在更为理想的状态下，空间内部的装饰和陈设应该充满童趣，空间外部环境宜人，适合游戏。

显然，浙江舟山市普陀小学和舟山市普陀区东港幼儿园的设计并不满足于实现这样的"理想空间"，而是意在探寻一处"梦想空间"。在加斯东·巴什拉看来，梦想的空间，不是填充了有形之物的容器，而是一个充满感受和体验的居所。那么，什么才是孩子们所梦想的空间？如果我们能真诚地向孩子找寻答案，毫无悬念地，孩子们会回答说他

们想要一个好玩的地方。一个好玩的地方，可以理解为一个可以自由自在不受限制的游戏空间。

游戏，或者说，好玩，正是这个设计的原点。

什么才是好玩？这个问题不能由成年人来回答，而应该将话语权让位于儿童，他们才是这个空间的主人。关于儿童的空间，儿童自身能够提供哪些启示？这是一个有趣的问题。而在设计中，如何能够满足"好玩"这个必要却毫不具体的前提，这无疑又是个不小的难题。因为，"好玩"绝对不是听起来这么简单，甚至，游戏的行为在本质上恰恰是哲学家所崇尚的回归无蔽质朴的原初的终极意义。正如德国美学家席勒所言："只有当人在充分意义上是人的时候，他才游戏；只有当人在游戏的时候，他才是完整的人。"

其实，如果我们有足够的耐心去观察儿童的游戏行为、儿童对待游戏的执着以及创造游戏的直觉，我们一定能获得启悟。浙江舟山市普陀小学和舟山市普陀区东港幼儿园的设计灵感就是源于建筑师对儿童搭建乐高积木这种游戏行为的观察。孩子是天生的建造者，他们对搭建这种行为具有无与伦比的好奇心、探索精神和充满情感的感受力，一切皆可建造，一切又皆为可建之物。无论是自然界中的树枝、泥土、草叶，还是生活中的纸片、盒子和木板，在孩子充满想象力的搭建游戏中，都可以成为一处质朴灵动的梦想空间的原型。而乐高积木，则几乎可以说是为这种搭建游戏量身定做的

完美材料。乐高积木的诞生始于经济衰退所导致的一个木匠营生的终结，所幸的是，这个木匠的工艺精神却在一种神奇的玩具的诞生中得到了延续。当乐高的创始人，也就是那个因失业而转型制造玩具的木匠克里斯第森（Ole Kirk Christiansen）命名自己的产品时，他想到的是"LEGO"，取自丹麦语"Leg-Godt"，意思是"好好玩"（play well）。克里斯第森爷爷的祝福显然没有被辜负，如今世界各地的孩子还有不少成人都在乐高搭建中玩得乐此不疲；同样没有被辜负的，还有乐高所崇尚的自由灵活的创造和不受限制的创新。正是这种对游戏精神的推崇和对自由创新的鼓励，使得乐高成为一种具有划时代意义的玩具，这同时也是建筑师在观察儿童的乐高搭建游戏时所感受到的启示。

从对儿童搭建乐高积木的观察、启示和模仿，设计师所意图表达的是对这种游戏精神的致敬，进而，也意图以空间的形式商榷一种以游戏为前提的教育理念。游戏，是儿童生命体验和感知世界的最

为直接的形式，也理应成为最贴合儿童天性的教育方式。教育，并非也不应成为游戏的对立面，以严肃枯燥的方式控制孩子的行为；相反，教育，应该以游戏为基本前提，以愉快的方式引导并激发孩子的学习、思考和创造性发展。有意义的游戏，是将儿童置身于充满情感的环境，鼓励自由想象的实践，实现自我价值并拥有独特而充盈的体验。

当看着孩子们在他们自己的空间中愉快地学习和游戏时，我们不难从浙江舟山市普陀小学和舟山市普陀区东港幼儿园的设计中发现乐高搭建这种有意义的游戏行为。建筑立面的色块拼贴效仿的是儿童的空间语言，这也是乐高积木所特有的空间语言，色泽鲜亮的红黄蓝三原色以一种"颇费心机"的无序状态轻快地跳跃在白色底板之上。乐高积木基本的方块状结构简洁灵动地拼搭叠合，既满足了孩子对秩序感的执拗认同，也体现出灵活多变的空间构型。大大小小的玻璃窗增加了空间的通透性，也为空间内部营造出温暖明亮的氛围。空间高度的

变化和墙体色彩的变化充分关照了儿童对场所标示的认同和归属感。细致的功能分区通过宽敞的走道进行连接，意在引导交互式的学习环境。充沛的光线、良好的通风、自由的路径，充分营造出空间的动态感，而动态感也正是儿童体验世界的基本方式。同时，灵活的自由组合形成一个稳定的空间构型，而这个有序的空间构型却可以随时被"动态"地重新组合，这恐怕正是乐高搭建的乐趣所在。同样，这种自主自为的建构知识的方式、自由自在的学习体验以及对想象力和创新性的激励，也正是建筑师在这处教育建筑中意欲传达的教育理念。

法国作家圣埃克苏佩里在《小王子》的开篇中有一句话："无论每一个大人，他们最初都是一个孩子，但是，慢慢地却没有一个大人记起这回事了。"或者说，这个建筑设计最能打动我们的，可能正是有一个建筑师又想起这回事了。

（摘引自《城市·环境·设计》2016.04 张莉）

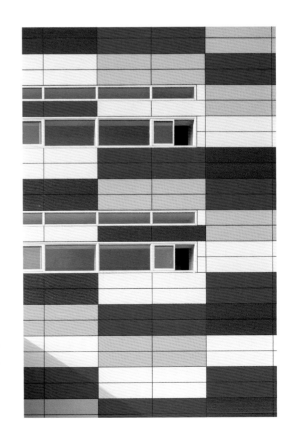

苏州吴江区苏州湾实验小学

叠透与弥散：非功能空间的可能性

1

1　北侧椭圆下方的共享大厅

无论对于师生、家长抑或整个社会而言，理想的教育模式都不会是当下应试体系的模样。建筑师对体制的反思和改良的意愿往往表现为对空间形式的立场，并试图激发场所类型新的可能性。九城都市设计的苏州湾实验小学就是一次对校园空间范式重构的研究实验。小学坐落于太湖新城核心区，规划用地逾 7.6hm²，总建筑面积约 7 万 m²。小学规模为 10 轨 60 班；附属幼儿园为 6 轨 18 班。设计将多重类型的"学习场景"拓展、融合、纳入一座约 200m 见方的围合式空间体系——仿佛"城中之城"的巨构系统、集合化的空间乌托邦。

整体设计策略和进程都围绕着一个核心问题展开：非功能空间的内涵与外延对于定义新的空间场景、反思和重塑教育模式、激励学习主体间的开放性互动，能够产生怎样的触发作用？在此，"非功能空间"的概念指向一种超越功用的"漫游空间"系统，包括但不限于交通、连接、中庭、天台和檐下灰空间以及所有"无用"空间的复合体。相对于功能容器的明晰和确定性，非功能空间的场所张力来源于重返人体验空间的本真过程，具有模糊边界和随机漫游的多义性、启发行为故事的情节性以及空间现象的透明性。建筑师通过叠合渗透的空间层化操作，将这些本质特性"弥散"到整个空

间体系中去。因此，"叠透与弥散"强调回归现象学本原，以丰富的体验和感知塑造空间场所，赋予其艺术性、叙事的想象力和交往流动的自由。

1　透明的援引：场所张力的起点

场所精神的建立缘起于对内部的"微型城市"与宏观城市空间关系的阐释。问题解答结合了九城都市一系列校园设计的空间策略图，将自立的空间集合体与城市衔接的"视窗化"作为对社会性和透明性的回应。朝向城市干道的主入口南侧是以 3 个椭圆形构筑物引导家长等候、聚集交流的过渡型空间；正对内部中轴 20m 宽的"中央游廊"，也是社会与教育互动的视觉通廊。整座学校的空间启动与场所张力的建立，源自内与外的空间流动，起始于内部空间对城市空间的援引和汲取。作为引领地位的非功能空间，"中央游廊"的作用首先是将城市空间引入、内化，并且与内部教学空间的集群交叉融合，产生碰撞、互动的紧密联系。它的形式特质则由若干空中连廊、城市化和广场化的景观地面、层叠和渗透性的围合界面共同定义，营造独特的仪式氛围和场所感。本应强调焦点透视深邃感的中央游廊，却更接近于柯林·罗（Colin Rowe）在《透明

性》一书中对毕加索 (Pablo Picasso) 的《单簧管乐师》和布拉克 (Georges Braque) 的立体主义代表作《葡萄牙人》的分析,强调空间深度和现象的透明性 (phenomenal transparency)。利用正面性视点、平行透视的介入、层化空间的掩映和拼贴等手法,营造"浅空间" (shallow space) 对"深空间" (deep space) 的丰富暗示和隐喻。其漫游进程结合了"注视" (gaze) 与"扫视" (glance) 的体验,获得了中国山水画和古典园林式的空间与时间、互渗与交叠、"共时性"的双关。而其深层的空间意味在于激励各种功能和人群之间的交叉、穿越和漫游,公共而开放的交流、讨论与碰撞。空间的公共性立场表达了设计对教育开放性的主张——学习的开放性应由教与学的主体(师生)之间、不同类型的空间主体之间充分和自由的交流互动而最大化地激发出来。它综合了援引、微缩城市的空间策略和层叠透明的形式方法,又从空间维度和内容属性上把建筑体量自然地划分为西侧的知识区(有关于头脑认知)、中央游廊的兴趣轴(鼓励融合与碰撞的

精神)和东侧的艺体区(有关于身心培育)3大部分,并将三者紧密联系而统一。

2 多义的弥散:时间——空间的迷宫

阿根廷作家博尔赫斯以抽象研究"时间—空间"的意象而闻名,其许多著名的"空间文本"形而上地探讨了时空乌托邦的原型与范式。比如《通天塔图书馆》(Library of Babel) 虚构了一种通过形式的无限镜像映射出的迷宫空间——有限的空间经过明晰规则的穷尽而抵达无限,由混沌无序的循环重复而通往秩序。在其后的多部哲学性小说中,如《沙之书》《阿莱夫》《曲径分岔的花园》等,他继续将迷宫主题的意象拓展到时间的疆域,将线性拆解为非线性,用自由选择和可能性交织出一种循环往复的历时性网络。镜像和迷宫主题是博尔赫斯无限的时空哲学观的两个核心。类比于文本对"时空迷宫"形而上的隐喻,设计在现象透明的非功能空间中,对场所多义性的弥散进行了两种实验。

1

1 东侧鸟瞰

2.1 巴别塔式的类型重构
——虚实一体的"空间投射"

在中央游廊的西侧，3 个突出平台的椭圆柱体分别对应于 3 种主动式的知识获取体验：图书馆、报告厅和幼儿园的多功能体验厅。其下部的非功能空间两层通高架空，运用了一种"空间投射"的策略来扩展场所的情节和体验：将上部的室内功能映射、延展到下部的开敞中庭之中。架空中庭仿佛上部空间的虚像或影子——镜像是空间的迷宫意象最重要的道具。这种同质空间的上下叠合与褪晕关系是"内涵与外延"融合的一体，强化了不同主题的教学活动在非功能空间中的渗透，是挣脱有限的固有空间模式的尝试。其空间的戏剧性来源于"叠透和弥散"的两方面，目的是强化开放式教育、公共交流和主动学习模式的吸引力。具体而言，以中庭图书馆为例，自下而上：通高空间的戏剧性体现在坡道、台阶、木质的阶梯座席、圆柱下环形的书架和阅读包厢、雕塑形的阅览岛的组合布局之中，提供学生阅读、休憩、

集散、活动、交流的丰富机会；中庭本身的空间概念原型更接近于观演剧场的模式，二层的通廊和三层的椭圆形环廊宛如剧场看台，激发着空间的情节叙事，其中的挑空楼梯或平台更是聚焦视点的趣味性形式装置；二、三层侧向打开的采光带、圆形采光孔、彩色涂鸦的环形护板、和平鸽或星空图案的顶棚提供了光线投射、视线仰望、上下交流、氛围暗示的可能；悬浮的顶部图书馆与上下空间"虚实镜像"的叠合则一体化地重构了"巴别塔"原型关于无限扩展可能性的遐想。内与外的映射关系是对"封闭与开放""有序与混沌"的虚实轮回循环的空间隐喻。空间映射、叠合出的多义性同样弥散于报告厅、幼儿园入口的底层中庭和艺体楼功能空间的外延。如东北部的室内剧场，三层平台的出入口是延伸到室外的空中露天剧场，以退台阶梯、坡道和展示墙组织出的排演空间直面蓝天的外延。东南部的风雨球场的底层架空则以坡道、倾斜的圆柱、台阶、半层平台、红色悬挑楼梯和方形采光孔的白色、黄色

背景墙组合营造漫游的空间氛围，烘托出一座独立漂浮的、晶莹剔透的展示性舞蹈房。

2.2 历时性的交织网络
——循环往复的"迷宫花园"

类似于中国古典园林的场所感，漫游空间的"现象透明性"的精髓在于：以路径交错、空间掩映、全景扫视与戏剧性注视相结合（平行透视与焦点透视不断切换）等方式，激发出随时间而转换空间的迷宫特质。苏州湾实验小学的步行系统从地面与空中两个不同的层次，形成路径和场所掩映交织的拓扑网络——以曲折片段组织出非线性的迷宫。地面层的步行系统从中央游廊发轫，渗透进架空的通高中庭、局部挑空的交通空间、走道连廊、围合庭院……是引入室内的漫游网络。而凸显于外的空中行走体系，则由围绕椭圆体在三四层形成的叠退屋面平台、空中连廊、半室外的中庭环廊、大面积的木质休憩露台和天台上的景观绿植等紧密组织而成，更形似分岔蜿蜒的花园。露天的空中花园通过漂浮的室内台阶和悬挂的室外楼梯（雕塑感的斜向体量）等垂直要素，与地面层的步行网络融合勾连，构筑出一个整体性的漫游序列：从城市引入到系统，逐步由外而内，再盘旋上升，最终外化到与天空对话的层面。开放性的行走不断地再现着时间在空间中的曲折、空间在时间上的循环交织的可能性。由此，"时间－空间"迷宫主题的哲学隐喻被形而下地引向历时性的空间体验，在随机和意外中穿越层化而异趣的空间结构。建筑师将投射组合的重构类型置入曲折分岔的路径迷宫，构筑出某种激发"时间－空间"编织的巨型装置，使得"巴别塔"

正反一体、虚实相映的空间叠透性更广泛地弥散到一座促发互动和故事性的交织分岔的"花园"中去。

3 递进与渗透：流动的学习图景

从哲学概念的遐思再转向注视社会学变迁的浪潮：学习的模式正随着时代向着前所未有的多样性转变。未来智能社会的移动性和协同性要求教育中越来越多的亲身参与或虚拟互动。学习将更广泛地将知识获取融入制作、模拟和浸入式的体验——集中知识流结合分散信息流。这样的趋势更需要以一种层级化的空间网络来并置和鼓励混合型的学习活动，建立一种流动的"学习图景"(learning diagram)。通过一个精心组织的递进的空间序列，非功能空间层叠的弥散得以在整体性的框架网络中逐步深入地渗透。例如在知识区，层级的分野依照开放性和标准化程度，分为"中枢空间""次级枢纽""教学阵列"3层空间结构。学生首先穿行游历于中央游廊的中枢空间，才被引导进入中庭图书馆和开放式报告厅的次级枢纽。两者以一组檐下柱廊和叠退平台环绕的合院连接为一个混合型知识主题的整体。在前两个层级中感知了开放性和互动式学习的要义之后，学生才被分流进入第三层级：由外廊和围合庭院串联的集中式的教室阵列。朝向城市的南侧是开放性较强的各种特色主题教室。标准教室继续以连廊、挑空平台、围合庭院、可穿越的檐下空间、底层通廊和每层错动的"架空教室"（视觉通廊和非正式的学习空间）组织信息流更为多元的学习图景。此外，设计以立面策略和细部刻画继续延展层级的递进与流动，联结为一体的空间网络：利用教室单元、窗洞模块和双层表皮构件的错动拼接形成简洁统一的整体；走廊上由教室墙体、门框窗套构成的凹空间作为"可供使用的立面"是非功能空间深入空间末端的明证。值得关注的还有"叠透"操作贯穿于东侧体育场馆与看台之间的空间层级中：附着、融合于主体建筑的3层平台如同画框一般，统一着檐下柱廊、阶梯看台和中央主席台，塑造水平连续的形式感；中部结合庭院，以钟楼的竖向体量为统摄性制高点，均衡了南北向的空间形式；在东侧稍退后的空间层次上，则以多功能食堂、训练馆、舞蹈房的空间外延联通中央游廊，将这部分层化空间整体地向运动场打开——以空间叠透流转的态度凸显"身心 – 艺体"教育的开放性。

4 结语：叠透与弥散的认知空间

"建筑设计是一项公共的社会责任。"建筑师相信这种责任在于揭示人与空间两种"存在"主体之间的本质性关联。于是，从现行教育体系的批判性思辨出发，试图通过一座校园的设计实验来呈现人与空间互动的可能性。现代教育对传统的师生主客体关系的认知，正逐步转向"主体间性"（intersubjectivity），更加关注师生、人与空间之间多向的交互关系。开放性的空间和教育图景模式更能够唤醒和激励个性主体之间的互动与认知。苏州湾实验小学的设计，着重突出并强化了非功能空间的叠合渗透——互动的参与感、非线性的游历、多情节叙事的可能性，以"现象的透明"为介质，将其弥散于空间漫游的体验过程；在紧密融合的整体性框架中构造出一种递进的、层级化的空间体系。从而，弥散的深度空间给身心感知提供了更为丰富的想象。

梅洛·庞蒂在他的知觉现象学中强调身体的感知是主体连接世界的唯一方式，着重探讨空间维度在知觉意识中的首要性，关注模糊、复杂和交织的深度空间。"叠透与弥散"的漫游空间即希望以多重的、无限的互动可能性，让主体回归认知的出发点和本原："始终保持与世界的原初关系，对世界保持惊奇的姿态。"

（摘引自《建筑学报》2017.06 孙磊磊 黄志强 唐超乐）

2
1 | 3

1 东立面内部的看台及台阶

2 东立面局部

3 西立面

杭州师范大学
附属湖州鹤和小学

围而不合

围而不合是杭州师范大学附属湖州鹤和小学（以下简称鹤和小学）在形式与功能上的主要特点，也是鹤和小学在行为组织上的空间策略；是对当下应试教育的反思和批评，更是一次空间陪伴成长的努力与实践。

1　形式定义功能

建筑共 4 层，立面三段式。三至四层是严谨围合的整体，作为学校主要的教学空间。二层为过渡层，容纳了部分教学空间，并拥有宽敞而弥漫的屋顶活动平台。一层部分围合的空间以素质教育为主，如音乐教室、美术教室、舞蹈教室、体育活动室等。西侧的餐厅同时也是多功能公共活动空间，将集体就餐延伸为互动交往的重要方式与途径。两侧延展的落地玻璃强化了餐厅作为公共空间的透明性，并在视线与行为上将其融入至首层整体的公共空间系统之中。

一层其他空间多属于形式架空，类型多样的"非功能空间"。

客观上讲，作为教授知识的日常教学，其质量主要取决于老师的教学能力与教学方法，场所空间除却对足够的大小与充分的采光等物理属性提出要求外，对空间的其他价值倾向依赖性不大。然而，作为课堂教育必要的补充，诸如课外活动、自由交往、闲暇游戏等内容越来越成为学习与成长的重要组成部分，对于当今教学模式尤显重要。鹤和小学即是在这种全方位思考的前提下，通过

丰富的公共空间建立友好的交往界面，从而获得积极的行为"诱导"，以"非功能空间"为主导方式，以素质教育为优先姿态，"倒置"了原本的日常性教学功能，并重新定义了新的教学模式与校园空间形态。

2 空间组织行为

空间不仅局限于简单地满足基本的使用功能，更是行为的参与者与组织者。院落空间与广场是鹤和小学总体空间组织中两个重要的形态类型。

一、二层的空间形式上是开放的"S"形，经由二层图书馆及计算机房在东西方向上的分隔，形成东西南北四向不同特点的空间院落。它们在平面上相互独立、相互渗透，又在视线与行为上与二、三层不同高度的屋顶活动平台以及周围其他教学空间发生关联，共同构成鹤和小学丰富而多样的校园图景。

与三、四层呈现的形式与功能的清晰对应关系不同，一、二层空间中的很多功能是模糊的，功能可以由老师和同学们在使用过程中自主定义；很多分隔界面是模糊的，多数空间根本就没有分隔，或是仅由透明的玻璃分隔；行为路径也是模糊的，或者说整个一、二层的平面中就没有

1 | 2

1 向东通往东侧运动场的坡道

2 西部北侧院落

传统意义上明确的功能流线；没有主要出入口的强调——四边皆有开口，没有明确的流线导向——只有均质的前后左右。和三、四层严谨明确的教学功能与单一的环形流线相较，弥漫的空间与相互交织的流线是一、二层空间与行为组织的重要特征，并"明确"指向空间与行为的开放性和不确定性。

以二层图书馆的屋面为中心，三、四层的普通标准教室围合形成一个叠加于一、二层院落空间之上的空中广场，一个 100m×65m 的内向型广场。这不仅是一个尺度适宜、阳光明媚的开放性空间，还是一处充满活力和趣味的公共场所。假如说平面上南北 65m 宽的间距保证了广场内丰富的光与影，那么垂直方向上多元而立体的屋顶活动平台则让这个广场充满变化与灵动。二层南北向的平台标高为 4.8m，它与三层 9.0m 标高的东西向屋顶平台一起，为这个广场贡献了一组层叠交错的活动场所。不同标高的活动平台在广场中心十字交叉，是一种分隔，也是一种连接，并在分隔与连接之中，对被上层空间围合的广场进行重新定义。通过水平方向上空间的尺度变化，在三维空间上定义出不同类型的广场与院落，并在重新定义中不断重组与激活空间行为的多重张力。这座叠加于一层院落与二层平台之上的、由三层与四层围合的四合

院，从外部看安静而内敛，内部则因为空间的流转而生动外溢。由内而外、抑或由外而内，"空间"不仅是"积极的展示者"，而且是成长的无形陪伴，"成长伴随空间而流动"。

3 意料之中与意料之外

意料之中的是身体的直觉与空间之间的关联。

在空间的组合与叠加过程中，尤其是在一、二层公共空间之中，建筑师设计了很多台阶与坡道。这些台阶与坡道因为宽度之宽，或坡度之缓显示着与普通疏散楼梯和坡道在尺度和功能上的根本不同。它们在宽度或坡度上模糊了建筑层与层之间的边界，并提供了功能与行为上的多种可能。东侧的台阶同时是运动场的看台，西南角的台阶拥有良好的南向阳光。东部南北内院中各有一处通向东侧二层平台的坡道，它们既是一、二层空间之间的连接与过渡，也同时提示了一种非平面的行为界面，可爬、可走、可坐、可躺。东部北侧的内院中向西直跑楼梯旁的坡道相对较陡，中间还有大小不同的圆孔洞，这是一处小小的游戏空间，鼓励攀爬

和停留，引导同学们在运动中寻找并建立身体与空间之间的体验与关联。西部北侧院落中出地下室的台阶足够宽阔，仿佛置身户外的阶梯教室，为校园在阳光下的露天活动提供了多种可能。

身体与空间的关联在校园投入使用后不久就开始不断呈现。从校长的两次反馈评价中可获得印证。由于一、二层主要公共空间中"预设"路径的复杂性与不确定性，校长让同学们自主选择日常行动路径，并安排相关老师观察记录。实际记录显示的结果完全出乎老师们预料，同学们并不是优先选择距离更近或者更平缓的路径，而是选择坡道、坡地或台阶，并在奔跑、滑移以及上下跳跃中相互嬉戏、相互吸引。在大报告厅观众席前排两侧，设计取消了部分固定座椅，代之以看似随意的台阶，设计的初衷是让迟到的同学或有打算提前离开的同学有一个相对临时的"座位"。有趣的是，在实际使用中，这两处临时"座位"都是被最先到达的同学优先"占据"，并在放纵身体的释放中"欢呼雀跃"，以呼应舞台上的各种高潮。

意料之外的是，设计如同镜面一样反射出应试教育带来的某些弊端：过度规训与单向思维已过早

地侵蚀了孩子们幼小的心灵。

我们在底层架空区域，随机设计了多处圆形与长条形彩色烤漆钢板，可供同学们随手涂鸦和擦洗，也可用彩色磁扣临时固定并展示自己的各种创作作品。为了与空间的整体性协调，这些彩色烤漆钢板在设计中融入空间的整体结构中。也许正是这种嵌入到空间整体结构中的设计，让同学们误以为它们都是"固化"的空间要素本体而不敢轻易触碰。很长一段时间后，这些彩色钢板依然"干干净净"。有一次，我在现场和校长描绘我们的设计意图时，校长说，现在的孩子们在幼儿园时就已"领悟"了某些"规矩"，不敢轻易试探"错误"，害怕损坏"公共财物"，而主动、积极的自我展示与表达的信心更显不足。

事实上，身体的释放与心灵的自由都是成长的重要目标。

4 结语

从建筑的外部形态来看，鹤和小学的空间是从三、四层明确的围合，到二层的半围合，再到底层的围而不合。从空间的内部结构来看，这种空间的组合在立体上建构了一个兼具广场尺度与庭院尺度、同时具有地面活动与屋顶活动，室内与室外、上部与下部相互交织、彼此并存的空间关联系统。从设计策略上来讲，正是三、四层相对紧凑集中的高效空间组织为一、二层大量开放自由的"非功能空间"提供了建筑面积上的置换可能。从功能的明确性上来讲，三、四层明确的教室空间以满足基本的日常教学；到了二层，户外公共活动平台明显增加，并以台阶和坡道的方式与一层的院落和东侧的运动场广泛连接。而一层，少量围合的文体类空间显然更倾向身体、心灵感知的素质教育，并"与室外空间直接连接"，"鼓励偶然交流"且强调"空间的适应性与可塑性"。

鹤和小学虽然只是一座4层的多层建筑，但其空间组合、材料及色彩的变化丰富而巧妙。在有限的面积指标控制中，在充分满足日常教学功能与现行技术规范的前提下，创造出空间与场所的多样性，并在空间与场所的多样与复合中融入了建筑师对当下中国应试教育的批判与反思。

当下，基础教育的种种弊端已是有目共睹，但"剧场效应"还在继续发酵。无论应试教育、填鸭式灌输，还是当下中国基础教育所面临的严重问题，学生深陷其中，老师深陷其中，家长深陷其中。在鹤和小学的设计中，建筑师试图通过设计反思，在对现实的批判过程中坚守一定程度的抵抗，并以空间的方式还给孩子们一个健康而快乐的童年。

这里，课堂教育依然是被尊重的，但自我发展是优先呈现的；这里，室内的常规教学依然是必要的前提，但户外自由活动是被引导和鼓励的；这里，功能的确定性是被肯定的，但功能的不明确同样被认可；这里，功能是复合的、流线是交叉的、内外是模糊的；这里，围合与限定只是一种空间设计策略；这里，开放与多元才是真正的设计目标。这是一种职业态度，也是一份社会责任！

（摘引自《建筑学报》2019.07 张应鹏 王凡 董霄霜）

1 西部北侧院落有通往地下室的宽大台阶

2 彩色楼梯间

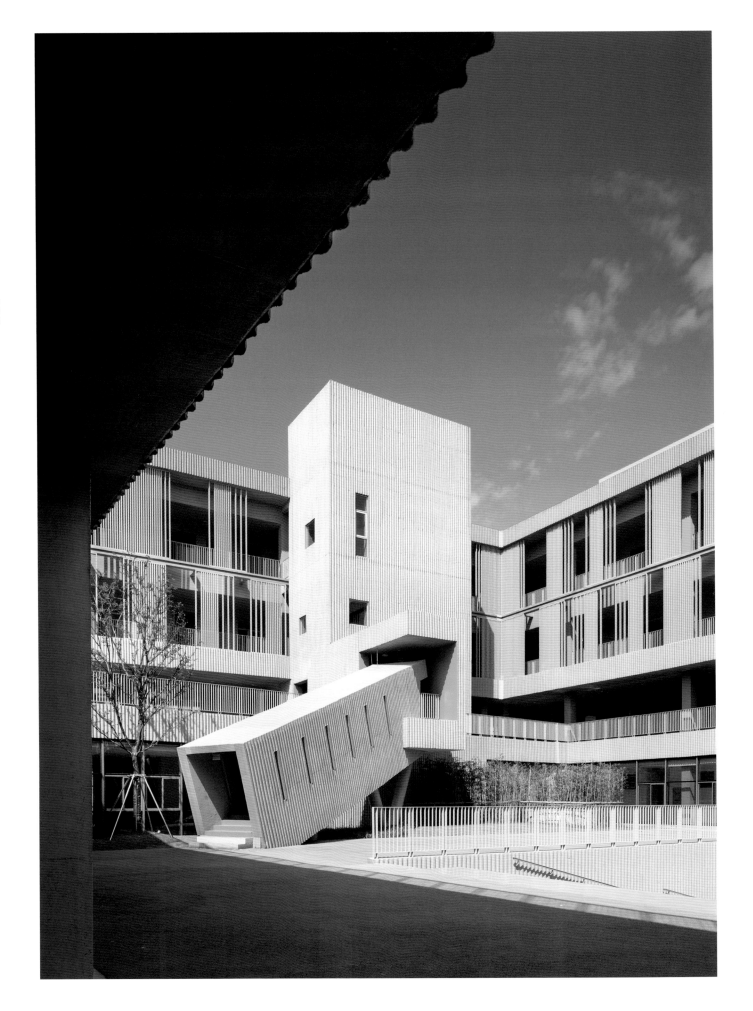

1   2
     3

1   西部北侧院落中的楼梯

2   底层架空空间中有圆形墨绿色
    烤漆涂鸦钢板

3   体育活动室

苏州高博软件学院

外部·内部·之间

1

1 综合教学楼中部入口看内部连接空间

外部

学院位于苏州西部新的开发区域苏州科技城内，周围的建设才刚刚开始，校园和外部的关系主要是和规划道路之间的关系。在这里，外部空间的参照物还较少，外部空间也就是校园内部建筑与建筑之间的空间关系。

校园的规模不是很大，功能也相对比较简单，一组学生宿舍，一组学生食堂，两幢普通教学楼，一幢综合教学楼。综合教学楼内除了教学空间外，行政办公和图书馆也设在其中，所以称其为综合楼。

外部空间的组织主要解决两大目标：一是空间功能的组织，这通常是一项比较简单的工作，南侧为学生宿舍区，东侧为综合教学区，食堂设在教学区与宿舍区之间，流线简洁而清晰；二是空间体验的营造，外部空间是非功能空间的重要组成部分，因为这里没有具体的功能，所以有着更多可能的功能。在这里，外部空间不是用来组织功能空间的工具；在这里，外部非功能空间和内部功能空间有着同等重要的空间地位，甚至是更高的（从某种角度看）空间地位；在这里，外部空间的设计先在地占据着主导地位。

一条主要的带状空间从宿舍区出发，穿过食堂，再到教学区。3幢教学楼以三边围合的方式向南围合成一开阔的广场。在这里，外部空间既是交通空间，更是交往空间；在这里，外部空间既是使用空间，更是体验空间；在这里，功能的组织是附带完成的，空间体验和自主行为才是设计所预期的；在这里，建筑的外立面不仅作为建筑的外立面而存在，也是作为外部空间的围合要素而存在；在这里，空间并不是被围合的；在这里，空间其实是被开启的；在这里，每一幢建筑都以自己的方式和其他建筑共同建构着良好的相互关系。

内部

内部主要由两部分组成：功能空间和为了满足功能条件所必需的辅助空间（称其为非功能性空间）。建筑的功能空间是被效率最大化的，基本是以功能为主，简单而直接，连一直最喜欢表现的走道也仅仅就是走道而已，只是一些楼梯（主要是指外楼梯和直跑楼梯）和坡道在不经意中还能显现出表现的痕迹。

只有门厅还保留为被认真关注的对象。门厅是内部空间中非功能空间的最主要节点，是空间体验的开始，同时也是空间体验结束的地方。门厅的平面形态基本是不规则的，不确定的形态会导向不确定的体验，这正是非功能空间的主要使命。门厅的高度基本都不止一层，上下层的空间与行为在视线可及中彼此关照。门厅内通往2层或3层的楼梯基本都是直跑的，而且被明确地展示着，展示着楼梯的形态，也展示着被使用的行为。门厅的顶部基本都有天窗，穿过天窗的阳光斜斜地洒落在整片白墙上，空间的体验也同时伴随着时间的体验。

2
1　3

1　综合教学楼正对校园广场的南立面

2　综合教学楼北立面局部

3　宿舍

1 2 3

1 综合教学楼旋转楼梯及上方的天桥

2 综合教学楼西侧入口

3 综合教学楼大平台鸟瞰

之间

　　"之间"的空间状态是相对于外部空间的大尺度和内部空间的小尺度而存在的第三种状态。它往往是由两幢建筑之间的距离逐渐靠近或一幢建筑被逐渐分开而产生。"之间"的空间不是一种需要专门建造的空间，它只是建筑与建筑之间在特殊的并置尺度下所产生的空间状态。"之间"的空间正是借助这种特殊并置而产生的空间张力营造出特定的围合感与场所感。"之间"的空间基本不占用建筑的容积率，也不会增加太多的额外造价，它不承担具体的功能职责，也不受太多的形式局限。"之间"的空间状态作为非功能性空间在苏州高博软件技术学院的设计中得到了充分的表现，并成为这所校园建筑的最主要空间特征。

　　综合教学楼中"之间"的空间位于南北两组教学空间之间，"之间"的这处空间尺度宜人且形态丰富。底层有空间相连，成为2层的活动平台，平台上有为一层而设的采光天窗，同时又成为平台上的空间小品，宽大的台阶呈现着底层和2层平台之间的空间连续。2层平台北侧通向5层的室外直跑楼梯，既是功能上的需要，又是空间的组成元素，和5层处南北相连的天桥一起在空间形态和空间行为上互为映衬又互为补充。

　　1号教学楼中"之间"的空间形态是以两种方式呈现出来的。一是东侧山墙和主体建筑之间的楔形公共空间。这一空间是有顶的，但顶是透明的；这一空间是有墙的，但墙是不封闭的；这一空间中也有直跑楼梯和天桥的相互穿插；这里有阳光的流动，这里还有风的穿越。二是位于西侧3组教学空间之间的两处半围合内院，和第一种空间特征相区别，此处空间所呈现出的是安静，表现出一种中式天井与院落的传统。

　　2号教学楼由于地形的局限，教室分设为南北两种不同状态。"之间"面向东侧宽大的台阶既属于2号教学楼，将南北两部分连在了一起，并为2、3层楼的交通和疏散提供着功能上的必然需要，又同时成为东侧广场组成的一部分。这里的台阶既是台阶又是看台，这里有着看与被看的双重可能。"之间"的这一处台阶也成为二号教学楼的主要空间特征。

　　食堂位于不规则用地中的最狭处，但设计中还是被人为地分为南北两个部分，也因此而继续产生两部分之间的空间。这一空间和校园内东西向的主要带形空间相重合，巧妙的形态转折承载着东西两部分功能和空间的双重转换。

　　7幢学生宿舍也是因为"之间"的空间形态而统一为一个有机的整体。宿舍之间的空间形态构成为：先将西侧的3幢宿舍用建筑联系在一起，底层为架空的纵向走廊，东侧为半开发式空间，直达3层的直跑楼梯和开洞的山墙及东侧的院落间相处成既相互渗透又相互隔离的空间关系。东西两侧宿舍之间的过街楼让纵深的尺度变得亲切而自然，有一种江南建筑的庭院深深的空间意味。"之间"的空间形态丰富了原本单一的宿舍形式，"之间"的空间行为还进一步丰富了原本单一的生活行为。

　　（摘引自《建筑学报》2008.10 张应鹏 王凡 沈春华）

空间的
社会责任

空间的社会责任是空间的社会学属性，包含着对自然环境的尊重，对文化传统的认同，以及对城市公共生活的态度。空间的社会责任本质上是建筑师通过空间设计所承担的社会责任，是建筑师的设计观点并转换为具体的建筑做法，以不同的方式包含在建筑师的每一个作品之中，包含在城市中的公共建筑空间之中，也包含在其他不同类型建筑的空间之中。

沧浪新城规划展示馆位于苏州南环与西环高架交接处、友新路与宝带西路交叉口西北角，建筑面积约 2000m²。建筑规模不大，用地范围也不宽裕，设计的第一个任务就是如何处理好建筑体量与用地范围的矛盾。建筑采用的是"U"形布置，背对着西侧的友新高架，"U"形的开口朝东侧友新路。展示馆的入口即设在友新路，和"U"形开口形成环抱形入口广场。建筑在垂直高度上沿"U"形向西、向北、再向东逐渐升高。东南角和地面直接相接，渐变的高度消解了建筑体量上的压迫感，并对东南向城市干道形成友好的空间界面。设计的第二个目标是开放空间与公共性。规划展示馆主要是陈列各种实体城市规划模型、静态建设项目图片和动态视频等平面或立体影片，规划展示馆对自然采光要求不高，甚至是拒绝自然光线。所以，大多数规划展示馆都是对外封闭的建筑空间，这又和规划展示馆作为城市公共建筑以及城市规划本身所强调的城市空间的公共性相矛盾。沧浪新城规划展示馆空间的公共性是通过建筑的底层架空完成的。北侧的底层

架空将在北侧的开放空间与入口处的"U"形广场连成一个整体，"U"形西侧底部的架空同时打通了入口广场和西侧高架下的视觉通廊。架空的空间不仅在底层创造了更完整的公共场所，加强了建筑与环境的相互融合，还在视觉上进一步削弱了建筑在尺度上的沉重感。亲切性也是公共性的重要空间要素。第三是对临时性空间与永久性可能的判断。展示馆属于新城开发建设初期的临时建筑，规划中的位置原是一个道路转角处的街头公园，原计划是新城启动区项目完成后，这部分功能就全转移过去，然后拆除还原成原本的街头公园。其中有两个问题：一是建设使用几年后就拆除是很浪费的（虽然总体策略上可能是对的）；二是如果就按临时建筑简单地设计，建筑和基地环境的关系没处理好，万一过后又有各种原因不拆了怎么办（这种情况也是会经常有的）。事实上，到 2020 年的今天，项目已经建成使用了 14 年，好像没再听说要被拆除。最后采用的是屋顶绿化与地景结合的立体公园的设计策略，既要建建筑，还能保证公园依然存在，建筑成为公园的一部分，并在相互交织中重新生成了空间更为丰富的立体城市公园。

沧浪新城规划展示馆是一个很小的公共建筑，但空间不在大小，责任首先是一种态度。

黑瓦、白墙、木结构是苏州生命健康小镇会客厅在建筑上对苏州文化传统的回应。但黑瓦不再是传统的小青瓦，而是选用了著名的国际建材企业拉法基生产的英红品砚平板水泥瓦。这种瓦不是仅仅

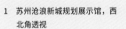

1 苏州沧浪新城规划展示馆，西北角透视

依靠摩擦力抵抗下滑，也不是仅仅依靠相互搭接解决防水，上下都有受力挂钩与基层挂瓦条和上下相邻瓦片相连，左右相互咬合处有回风防水漩涡，和传统小青瓦简单的防滑防水构造相比，这种在现代科学计算模型支撑下完成的设计可以更有效地抵抗重力作用下的下滑和风雨天气中的雨水倒灌。平板瓦的尺寸比小青瓦大，整体性更强，和下部相对较大的现代建筑在尺度与风格上也更为协调。小青瓦由黏土烧制，黏土现在已是重要的农耕保护资源，不用黏土瓦也是对环境资源的重要态度。白墙也不再是传统工艺下的纸筋石灰粉刷，而是轻质填充墙板外的白色铝板。木结构是中国传统建筑最典型的结构材料并发展成为特有的建筑形式。但传统木结构也有很多缺陷与不足，比如天然木材有纤维同向的受力局限，有天然枝节分叉等不均匀生长的缺陷，天然木材没有精确的受力计算依据，天然木材还不防火，榫卯结构在地震时可以通过变形移位释放地震荷载，但榫卯构造对原材断面的损耗很大，材料的受力效率被大大降低等。会客厅项目采用的是从加拿大引进的胶合木结构体系。胶合木技术是将天然木材的纤维提取后多向重新胶合，保留了木材天然温暖的材料属性，改变了天然木材的受力性能，也方便加工。胶合木有精确的结构计算依据，可与钢材在共同使用中形成钢木复合结构体系，在钢木复合体系中，受力更合理的钢节点替代了传统的榫卯结构，主要的受拉杆件可以由受拉性能更好

的钢索替代。钢木复合结构中各构件的受力特点和材料自身的受力性能保持了逻辑上的一致性，结构形式同时也是表现形式。历史是发展中的历史，科技日新月异，对传统的尊重并不是回到过去。受建筑材料与建造技术制约，传统木结构柱网密、开间小，空间在功能的适应性上受到很大的制约。传统建筑尺度都比较小，街巷尺度也比较小。传统中国城市中大型公共建筑也比较少，建筑大多为民居，沿街民居底层有时为对外开放的商铺，公共生活主要是发生在民居与店铺相向围合的街巷之中。这不单是建筑技术的问题，也与传统的城市管理体制及长期所形成的居民生活习惯有关。我一直比较反对用混凝土材料模仿过去的木结构民居而建成今天新的商业街区或其他公共性的文化建筑。材料逻辑不对，空间尺度不对，使用方式与生活方式也不一样。城市规模变大了，城市道路变宽了，建筑高度与城市尺度与过去都不一样。生命健康小镇会客厅是 8.4m 的标准结构柱网，建筑宽度约 18～32m，连续的标准空间能方便不同功能的灵活使用，中间部分的核心空间为连续大跨度空间，顶部天窗为一、二层通高空间提供了明亮的光线。建筑的另一个特点是立面细节较多。出挑深远的檐口，细密暴露的木椽，精致温暖的花格景窗等都是以细节的方式回应了"精致、细腻"的传统苏州文化。

　　苏州水多，水多则桥多。在传统城市空间中，桥有两项重要功能，一是让人走，桥通过空间上的

连接，同时将两侧的生活行为也连在了一起。桥同时还要"让"船走，那时船是主要的交通工具，为了让出下方河中船走的通道，桥面以拱的形式高高抬起。桥多为石桥，石材的受压性能比较好，拱桥是材料的力学性能与空间形成的完美结合，并形成了江南水城独特的城市景观。现代城市发展中，汽车代替船成为今天主要的交通工具，人们的生活方式也逐渐从水上转移到陆地。以汽车交通为主的桥坡度不能太陡，没有了下方船行通道的要求，以人行为主的步行桥也同样没必要高高起拱，平桥是现代城市河面中主要的桥梁形式。没有相应的跨越高度，平桥的空间形式大大减弱，视觉上基本消失在地面交通之中。苏州相城区徐图港景观带中的"桥屋"有点像城市中的廊桥，除了日常开放的通行功能之外，一楼和二楼都有可以封闭管理的商

业空间，是桥与屋的组合。单一功能的桥是通过性空间，不鼓励停留，无法形成城市公共活动空间。桥屋以屋为用，在满足跨河通行的同时，形成两岸之间共同交流的节点。河面宽约 30m，河中没有桥墩，两层高的整体桁架轻松跨越河面，同时还保证了内部上下两层使用空间的完整性。和传统石材拱桥一样，桁架钢结构桥屋也是结构和形式的完美结合。同时，因为使用功能的植入，桥屋不仅在形式上重新回到现代城市景观之中，还在功能上进一步提升了城市公共空间的公共性。侧边的直跑楼梯是完全开放的，可以直接上到上面的屋顶，当年可以在桥顶看两岸街景，今日可以在屋顶看两岸街景。

科技在发展，生活方式也已发生变化，被动地模仿传统其实是对传统最大的亵渎，历史是在批判

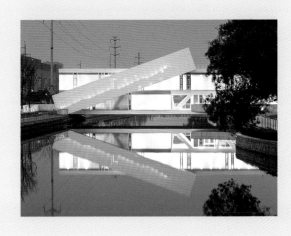

1	2
	3

1 华能苏州苏福路燃机热电厂，
 植物与机器设备作为"对景"
 与"借景"的园林式空间体验

2 苏州生命健康小镇会客厅，精
 致而又丰富的山墙立面

3 苏州相城区徐图港"桥·屋"，
 夜色中的灯光与水中倒影

与反思中不断进步的，这才是文化建筑的文化责任。

　　建筑也一样有"弱势群体"，相对于文化建筑形式上的丰富性与空间上的公共性，工业建筑就明显没有优势。中国建筑学会 100 项建筑创作大奖（2009－2019）中，其他 99 项都是文化类公共建筑，华能苏州燃机热电厂是唯一入选的工业建筑。发电厂是典型的工业建筑，设计总体由江苏省电力设计院负责，其中他们负责生产的工艺设计，我们负责建筑"形式"的设计。发电厂都有复杂的工艺要求与生产流程，设计也是必须工艺优先，总图布置都有相对固定的对应关系，建筑体量、高度与大小也都有各自的工艺要求。发电厂位于南环高架西侧苏福路南，北侧是横山，南侧是上方山教育园。因为紧邻苏州主城区，由我们介入合作设计的主要目标是希望在原有结构上对电厂进行形式上的"美化"。看了一些之前的相关案例，大多的"美化"设计都是通过附加一层外在的表皮在立面上进行装饰或者干脆对厂房结构进行整体包裹。我们采用的是介入其中的方法。这种介入并不是对生产工艺的介入（我们连最基本的发电专业知识都没有），而是以工艺设计所完成的总图布置为空间依据，在原有的工艺系统内并置地植入了一条额外的连廊系统，这条系统不参与生产，也不干预生产，是一条完全没有生产功能的"非功能空间"。但这个"非功能空间"却带来了三项额外功能。第一是

科普展示方面的意义。电是我们日常生活中最常见的能源形式，但即使我自己，之前也从来不知道气（这个热电厂是烧气的）是如何转化为电的。展示的路径顺应生产工艺，从厂前区开始，在不同的生产节点，还有相对应的文字、图表，或者多媒体演示。在展示过程中，人们可以初步认识什么是主机房，什么是调压房，或者看看冷却塔的工作原理是什么，还有化水区大概的区位与形式等。第二是物理空间上的连接。连廊是展廊，也是空中管廊和风雨走廊，将所有的建筑连成一体。第三是将园林空间引入工业空间。在空间的起承开合中，机器设备、检修楼梯，当然还包含传统的修竹、红枫等，通过围合和对景设计都成为空间中展示与陈列的对象。包裹就是简单的遮蔽，前提是认为发电厂是丑的。植入是以打开为目标，是对美的揭示与发现，是对工业文化与工业美学的认可。电力设施本就是公共设施，工业文明是最重要的现代文明。

　　工业建筑不只是废弃后改造成文化建筑时才能够具备文化性，工业建筑也可以直接呈现自身的工业文化。

　　苏州蜗牛数字科技股份有限公司是一家从事3D 虚拟数字技术的民营网络游戏公司。中国第一款自主研发的 3D 网络游戏《航海世纪》就是他们研发出品的，还有后来的即时战略网页游戏《帝国文明》、武侠类网络游戏《九阴真经》等产品。蜗

2

1

1 苏州蜗牛数字科技有限公司研
发中心，东北向鸟瞰

2 苏州蜗牛数字科技有限公司研
发中心，西立面

牛数字研发中心位于苏州工业园区星湖街、若水路交叉口，总建筑面积约 11 万 m²，扣除地下停车后，地上直接的使用面积还有 8.5 万 m²，可供约 5000 人同时使用。建筑平面外方内柔，内部围合的空间向上逐渐放大，形成内向开放式围合院落，形式是蜗牛公司企业 logo 的变形与简化。建筑立面在垂直方向上按功能呈三段式布置，一、二层为内部配套的公共使用功能，五层以上是相对标准的研发办公场所，中间部分的三、四层为对外开放的公共空间。游戏公司的工作人员大多毕业于动漫或编导等美术类与文学类专业（公司创始人就是南京艺术学院美术专业毕业的），公司文化都比较文艺。蜗牛公司原研发生产基地在苏州平江区仓街，由一组老厂房改造而成，虽然受原有工业建筑空间的限制，但游戏绘制和建筑绘图一样，对空间本没有太多具体要求。厂区中保留了很多原有工业生产的痕迹，到处都是各种形式的涂鸦和墙面招贴，各个不同的节日或者有新的作品上市时，员工们还经常装扮成游戏中不同的人物组织各种开放性活动。第一次过去时，这种典型的游戏公司的工作环境与空间特点就给我留下了非常深刻的印象。新的研发中心位于星湖街南部，紧邻星湖街东侧。星湖街是工业园区南北向城市主干道，周围都是生物科技类研发中心，集聚了大量的科技工作人员，尤其是大量年轻的科技工作人员。但各建筑之间相互独立，缺少相应的城市公共活动空间。生物科技类工作专业性都比较强，各种实验室还都有各种不同的洁净标准或封闭管理要求，工作人员的工作方式偏严谨、严肃，空间同样也偏严谨、严肃。生物科技类产业很难依靠专业特征形成空间的公共性，地块周围也没有其他配套的公共空间。所以设计的一个重要目标就是能不能将这种游戏公司内部的文化特征与空间的公共性转化成更大范围内的城市公共空间。至少

有这样几个理由。一是游戏文化具有天然的公共性特征，艺术类的同学要想了解细胞的分子结构肯定没那么简单，但理工生很多都爱打游戏；二是在垂直方向上的三段式布置中，五层以上的研发办公和底部两层的内部服务都可以封闭管理，三、四层空间可以独立对外开放；三是开放与共享的同时也是企业文化对外展示与宣传的重要窗口（这是后来成功说服业主最重要的理由）。最感谢的还是地方政府相关部门在政策上的支持，为了鼓励企业将内部空间与社会共享，三、四层对外开放的空间在规划报建中只按一半面积计算建筑容积率。通高的三、四层空间也是立面上重要的空间特征，主要布置的是展示、表演、阅览、酒吧等公共功能，东西两侧直通三层的宽大的台阶将内部空间和两侧的街道连成一体，原本企业内部的公共空间通过分享转化为可以与城市共享的公共空间。

城市让生活更美好，是城市的公共空间让城市生活更美好！将企业内部空间、特别还是民营企业的内部空间转换成城市公共空间，这不仅是简单的空间设计技巧，更是一份空间的社会责任。

空间不只是通过设计解决功能，而是通过建造重新建立建筑与所在环境间新的关联；文化也不只是通过符号简单地回应历史，而是如何面对当下并指向未来；形式更不是建筑的唯一目的，空间是为人服务的，人才是空间的主体。美国建筑师沙里宁说："城市是一本打开的书，从中可以看到它的抱负。"他还说："让我看看你的城市，我就能说出这个城市的居民在文化上追求什么。"这句对城市空间的整体解释同样可以翻译到建筑的单体空间中："空间是一本打开的书，从中可以看到它的态度"，"让我看看你的空间，我就能看出它的建筑师所承担的社会责任"。

（摘引自《华建筑》第 29 期，张应鹏）

苏州沧浪新城规划展示馆

确定的不确定性

1

1 从架空层向南看入口广场

沧浪新城规划展示馆其实并不是它的最终身份，规划展示只是它目前所承担的阶段性的临时角色。

建筑位于苏州古城区外侧东南角，友新路与宝带西路交叉口，西侧紧邻友新高架，是一处规划中的城市公共绿地。因此现在的规划展示馆，在完成规划展示使命后，最终还要回归为公园的一部分，以完全开放的姿态面向城市。

建筑规模不大，只有 1500m²，加上夹层也只有约 2300m²，但公园用地范围也不宽裕，1.7hm²，是街头绿化类的公共绿地，建筑侵入式的危险还是不可轻视的。因此建筑一开始主要面临两大命题：

一是如何将侵入式的程度降到最低，抑或根本不是侵入，而是参与或植入，建筑成为公园整体的一部分，而不是增加的负担。

二是如何让增加的角色以积极的姿态介入，带

来并激活新的空间含义。

地景式屋顶使建筑最终以一种植入式方式介入环境，地景式屋顶消解了地面与屋面的二元对立，同时也模糊了建筑与环境之间的边界关系。地景式屋顶在用地的东南角与地面间进行了无缝对接，然后向西坡起，再向北转折，再向东转折，并在转折中不断升起，最后在东端 18.5m 标高处停止。地景式屋顶不仅将地面的绿化延伸至屋顶，也同时将行为的可能延伸至屋顶，18.5m 标高处，北侧的开放式楼梯保证了这一行为路径的连续性。

建筑在公园里植入了一条路径，一条折形且变坡的路径。

地景式屋顶的起始点和转折方向，是对周边城市状态的深刻理解，谦逊地面对友新路与宝带路这一城市主要交通路口，并展示给这两个方向以良好的屋顶绿化形态。建筑西侧的屋顶高度和友新高架相接近，屋顶绿化托起给高架一片景观视野。建

筑的北侧为城市人流的主要方向，是以建筑形态面向城市，保持着应有的坦然姿态，近处的一层缓坡和底层架空是依然以景观为主导的。

底层架空是植入方式的另一种表现。底层架空消解着室内与室外的界线，同时也模糊着建筑与环境的边界。主要的架空空间有两处，一处是门厅的入口处，一处是北侧主体建筑的下方。入口处架空合理地解决了南侧公共接待区域入口和北侧展示与办公区域入口的共享与连接，为停车下客和出入口疏散提供了良好的空间；同时，空间的穿越性合理地解决了西侧后部停车的可能性。正对此处的清水混凝土墙，遮挡了西侧友新高架往来的车流，也同时隐喻着中国式建筑入口处照壁的影子。北侧主体建筑下方的架空高度达到 6 m，主要是为了削弱主体建筑的体量，以及削弱主体建筑对用地的侵占。架空空间将北侧的公园空间和南侧的入口广场有效地连成了一体，地面铺设和景观处理进一步加强着这种设计的初衷。

架空的区域既是建筑空间，又是环境空间。因为没有墙，架空处是开放的建筑空间，因为有顶又有柱，架空处又成为有围合的环境空间。架空的空间被随时使用的状态所定义。

本色的清水混凝土也加强着建筑对环境的植入式姿态。从大的背景环境上看，清水混凝土和西侧的高架路，因为材料的同质性而融为一体；从公园的环境来看，清水混凝土也因其本色的天然质感和大地之间相处成一种原本的亲缘。这是一座与环境有着积极默契的建筑。

两处户外楼梯是白色的，从周边的背景中跳跃出来。细腻的白色让清水混凝土的朴素更加沉着，并随时强调着行为路径的导向性和作为公共空间的公共性。

地景屋顶、底层架空和清水混凝土从各个角度不断地模糊着建筑和环境的边界，模糊了边界的建筑是可以完全融入环境的建筑。

空间的意义是由于限定而产生的，无论这

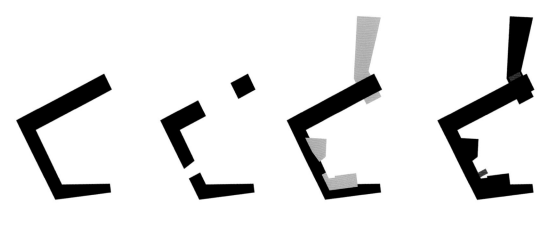

围合　　　　　　　　切口　　　　　　　　叠加　　　　　　　　标志

种限定是侵入式的还是植入式的。应该说，植入式的限定更具潜在性，于无形中将你的行为容纳其中，并不经意地激活行为的可能。

和植入前的空间相比，建筑植入后，新的场地空间中，可以在屋顶的升起上体验高度的变化，可以在架空的穿越中体验空间的转换。地景式屋顶和底层架空，不仅丰富着建筑的空间层次，还增加了活动空间的有效范围。如果把屋顶绿化统计进计算指标的话，最终的绿化率是大于100%，而覆盖率小于0。植入建筑后的空间层次更加多元。

原有的用地三面环路，而且是主要交通干道，环境的空间效率和品质都不是很好。植入建筑后的空间将用地在平面上分为多种形态。南侧入口处围合成一"U"形广场，这一空间的特征比较建筑化，有硬质铺地和三面围合，空间的场所感比较强。由于建筑对西侧高架上下两层交通的遮蔽，空间可滞留性大大提高。北侧设计为开敞的绿化公园，公园直接延伸到北侧地界边缘的九曲港。南侧

广场和北侧的公园都有地景屋顶，都有高度的起伏和垂直的变化。主体建筑下方6m的架空使两处形态相互分离的场所彼此呼应，互为补充。植入建筑后的空间趣味更加丰富。

这毕竟是一个公园里的建筑，外部空间设计的比重相对较大，在满足当前规划展示的同时，已预设了今后作为公共空间的多种可能。可能性空间是这个建筑的一个主要特征。其实，这个设计一开始就同时面临着两个不确定性命题：一是这个建筑今后功能的不确定性；二是作为来公园游玩的人，游玩目的的不确定性，或者说游玩本身就先天具有目的不确定的特点。

不确定性就是本建筑的主要方向。不确定的地面与屋面，不确定的室内和与室外，不确定的建筑与环境。不确定性空间诱导着不确定性行为与体验，而体验永远只能是自我的。植入建筑后的空间体验更加自我。

（摘引自《世界建筑》2008.09 张应鹏 单海东）

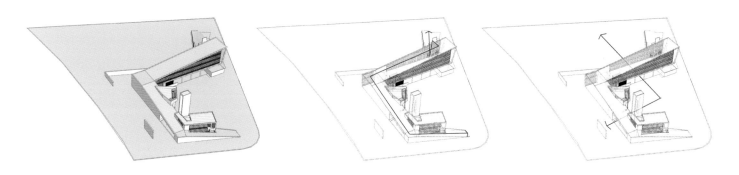

公园 / 覆盖　　　　　　　　　空间 / 路径　　　　　　　　　对景 / 穿越

苏州生命健康小镇会客厅

传承与转译

1 | 2

1 商业内街一角

2 西南向鸟瞰

苏州生命健康小镇位于苏州高新区枫桥街道西部，北至华山路、西至涧溪路、南至寒山路，距苏州市中心区约15km，基地周边交通便捷，环境秀美，生态宜居，是一处特色鲜明的现代产城融合的典范小镇。会客厅为小镇先期启动项目，总建筑面积约3万m²，以中间城市道路为分隔，分南北两个部分。首期建成的是南侧部分，约1.7万m²，包含展示、接待、会议、餐饮等公共配套服务。

1 街巷与院落

地块的总体形状是东西向窄而南北向长，建筑顺应地形布置，形成了一条南北向展开的街巷与院落空间。一期共5栋建筑，分3组，北侧两组建筑的空间逻辑基本一致，分别由一栋"一"字形长条建筑与一栋四合院组成。两个建筑之间是一条南北向的景观水巷，水巷一侧有半开放的架空连廊，

四合院一侧建筑直接临水。四合院南北相对各有一个两层高的开口，实际上是在和水巷平行的方向上构建了又一条商业街巷。四合院的两个开口处都有开放的楼梯，可直接将人流引向二层。水巷上方的二层，两个建筑之间南北都有天桥相连，二层依然是连续且闭合的商业流线。

第二组建筑与第一组建筑的主要区别是平面方向上的变化。首先是东西方向在平面上镜像，然后再进行一次南北镜像，同时还继续进行了左右平移错位。东西镜像是为了强调两条不同的街巷在南北行进过程中有空间类型的变化，左右平移是通过错开视觉的直接穿透，而进一步丰富两条街巷在视觉空间上的转换。"一"字形和四合院的组合还向外围合了一个"L"形广场，第一组的广场向西开放（西侧是城市人流的主要方向），并与中间的城市道路及未来北侧的空间形态一起形成整体地块的入口广场。南北镜像后的第二组广

场转向东侧，东侧是整个生命健康小镇随后的主体开发区域。

第三组只有一栋建筑，也是整个启动区最重要的功能空间。空间以南北向为主"一"字形东西展开，这一方面是因为南端地块东西向距离相对较宽，而且南向也是苏州地区最好的气候朝向。同时，南侧不远处就是白马涧风景区，近处有水面，远处有山峦。此处也是南北街巷空间的结束之处，并向东西两侧再次转承开合。

受材料与建造技术的多种制约，传统建筑的空间类型都比较简单，"一"字形与四合院是传统建筑中两种最基本的空间单元。过去单体的建筑在形式与空间上都比较简单，街巷空间的丰富性与多样性是依靠单体建筑间群体组合方式的丰富性与多样性完成的。与传统的街巷空间相比，这里的街巷空间有很多的不同。过去的四合院是向内围合的封闭空间，而这里有形态上的围合，但没有空

间上的封闭；过去的街巷空间中，街是公共的生活空间，巷是和街道相连的交通通道。巷不仅窄，且因为防火、防盗等功能，两侧基本都是高而实的山墙；而这里，巷只是尺度与形态上的定义，功能上是和街一样的开放空间。过去街巷中的公共行为主要以一层为主，二层多是以居住为主的私人生活空间；而这里的商业流线不仅在一层平面上有多重交织，二层也同样连续封闭。过去是一维的平面街巷，现在是多维立体网络。

2 功能与尺度

传统建筑尺度小，街巷宽度也小。传统的中国城市中大型公共空间也少，建筑大多为民居，沿街民居底层有时为对外开放经营的商铺，公共生活多是发生在民居与店铺相向围合的街巷之中。这不单是建筑技术或交通方式的问题，也与传统的城市

1 | 2

1 商业街西侧临水立面

2 展示中心室内中庭

119

管理体制及长期所形成的居民生活习惯有关。

　　近年，很多城市，尤其是一些有文化特征的历史文化名城，都在建设各种不同规模与类型的仿古商业街区或文化街区。这些建筑实际都是对空间要求相对较大的当下的使用功能，但因为是形式上的简单模仿，建筑大小与空间尺度都被人为减小，空间效率与使用都不合理。建造的其实是混凝土结构体系，然后包上一层很薄的木皮以模仿古代的木结构。门窗经常要做两层，因为传统的木门窗变形大，密封性能不好，就在传统木门窗内再加一层铝合金窗，外层的木门窗仅为形式上的装饰构件，还遮挡光线。我非常反对这种形式上的简单仿古，这不是对传统文化的继承与尊重，这实际上是对传统文化的亵渎。功能逻辑不对！空间逻辑不对！材料逻辑也不对！基本逻辑都不对，如何上升到文化，文化必须以真诚为前提！尊重历史不是回到历史，继承传统更需要面对未来，历史应该是发展中

的历史。

　　苏州生命健康小镇会客厅是一处包含了展示、接待、会议等功能的小型商业街区。与新的使用功能及新的生活方式相对应，建筑整体上采用8m×8m的标准钢结构柱网（传统木结构的柱网尺寸与开间宽度一般为3～6m），建筑宽度方向上最大为4跨32m，长度方向上更长，8m柱网是现代公共建筑中比较通用的柱网尺寸，连续的标准空间也为今后不同功能的灵活使用提供了最大的方便。空间变大了，门窗变大了，高度也变高了，这样不仅解决了建筑中的通风采光问题，同时也能满足现代建筑各种设备管网在空间上所需要的安装高度。建筑与建筑之间的间距也变大了。建筑主体是钢木结构体系，建筑防火等级为3级，所以建筑之间的防火净宽间距要8m，比普通多层建筑之间6m的防火间距大还2m。尺度的变化是功能上的需要，也是安全上的需要，当然舒适性也同

样是现代建筑空间重要的衡量标准。

城市规模变大了，城市道路变宽了，城市尺度与建筑尺度也与过去不一样，交通速度也与过去不一样了。但尺度本就是一个相对的比例关系，新的空间尺度和新的使用功能相一致，并以原有的相互关系融入新的城市体系与新的生活方式之中。

3　结构与材料

木结构已不是传统的木结构。传统木结构其实是有很多的缺陷与不足，比如：天然木材有纤维同向的受力局限，有天然枝节分叉等不均匀生长缺陷，天然木材没有精确的受力计算依据，天然木材还不防火。传统木结构中，榫卯连接在地震时可以通过变形移位释放地震荷载，但榫卯构造对原材断面的损耗很大，材料的受力效率被大大降低。会客厅项目中的结构是现代胶合木结构，胶合木是将天然木材的纤维提取后多向重新胶合的新型科技建材。这种技术保留了天然木材温暖的材料属性，但完全改变了天然木材的原始纤维结构，从而大大提

高了其受力性能与防火性能，还方便工业化加工及现场标准化安装。胶合木有精确的结构计算依据，可与钢材在共同使用中形成钢木复合结构体系。在钢木复合体系中，受力更合理的螺栓钢节点替代了传统的榫卯结构，主要的受拉杆件可以由受拉性能更好的钢索替代。这种力学性能更加优越的结构体系为空间提供了更多的可能，空间更加自由，功能的适应性也更加自由。钢木复合结构中不同材料的受力性能清晰地反映出复合结构整体的受力逻辑，结构受力的形式同时也是空间的表现形式。

瓦也不再是传统的小青瓦，而是新型的平板水泥瓦。这种瓦已不再是仅仅依靠摩擦力抵抗下滑，也不再是仅仅依靠相互搭接解决防水，瓦片的上下都有受力挂钩与基层挂瓦条和上下相邻瓦片相扣搭接，瓦片与瓦片之间的咬合处有回风防水漩涡。和传统小青瓦简单的防滑、防水构造相比，这种新型产品有更加科学的计算模型，可以更有效地抵抗重力作用下的滑移，也能更有效地防止风雨天气中雨水的倒灌。平板瓦的尺寸比小青瓦大，整体性更强，这和相对较大的现代建筑在尺度与风格上也更

为相互协调。小青瓦由黏土烧制，黏土已是重要的农耕保护资源，不采用黏土瓦也是保护环境资源的一种责任与态度。

白墙也不再是传统的纸筋石灰粉刷外墙，而是在轻质填充墙板外挂的白色铝板幕墙。门窗也是密封性能与保温性能更好的铝合金门窗。窗户的玻璃也是尽可能做大，"窗明"才能"几净"，窗框是接近木色的褐色，和局部花格点缀一起以色彩与形式的方式回应某种似曾相识的记忆。

4　立面与剖面

立面设计中有三处相对特殊的不同。一是有山墙面，但没侧立面，山墙面上的细节与变化比正立面还多，山墙面同样也是建筑的主立面。传统中国建筑的出入口都是在正面，因为建筑的体量比较小，一般前后进深也都比较小，所以南北采光基本上就能够满足建筑的内部光线要求，加上还有防火防盗的需要，所以过去的山墙面都是建筑立面中比较消极简单的侧立面。现代建筑的空间都比较大，

进深也比较大，进深大了后中间就有采光上的需要。现代建筑的形式与空间更加自由，东西两侧的山墙面都可以是建筑的主入口方向，山墙面也可以是商业的临街店面。和传统建筑中主次分明的空间逻辑不同，现代建筑的侧立面和正立面可以都是建筑的主要立面。二是广告与店招作为造型元素预先设计在了建筑的立面之中。广告与店招往往是商业建筑后期管理中最难控制的部分，疏于管理则经常是杂乱无章，而过度管理又容易导致千篇一律。会客厅建筑的立面中，二楼层高处每4米都有出挑的梁头，梁头之间是穿孔金属板，板后已预先安装好灯光照明。这里就是今后各店铺的店招位置，不仅安装简单，而且能将各店铺名称、字体、颜色与材质的多样性约定在统一的规定之中。二层窗户之间的白色竖向灯箱同时也是广告灯箱，两侧的灯光膜有非常方便的构造设计，可以随时拆卸以方便随时更换不同的广告内容。山墙面是大小不同、形式多变的花格窗，但也可以随时更换成不同的店铺信息或商业信息。三是局部镜面反射玻璃的应用。二层窗户中间的落地玻璃是单向反射

1 ｜ 2

1　展示中心二楼室内看向南侧
　　远山

2　局部镜面反射玻璃

玻璃，设计时将反射面朝外，安装完成后，里面看，横向的山峦在室内形成连续的竖向卷轴，外面看，近处的树木或远处的山景，从不同的角度映射在立面的窗框之中，立面是建筑的一部分，也是环境的一部分。和普通现代建筑所倾向的简洁明快有所不同，生命健康小镇会客厅中建筑的立面表情是比较精致细腻的，而精致与细腻是苏州传统文化在整体上传承给我们的气质特征。

剖面设计主要是解决两个问题。第一是通过局部通高的空间将光线从屋顶引入一层，并因此形成宽敞明亮的共享空间。坡屋顶两侧的檐口较低，所以传统建筑的室内大多偏暗。会客厅中的主体建筑有展示与接待功能，平缓的直跑楼梯与简洁的螺旋楼梯在空间与光影的变化中将一、二层功能巧妙地连在了一起。第二是利用坡屋顶中间的高度作为外部设备的隐藏空间。和传统建筑相比，现代建筑其实并不需要再利用屋顶坡度简单排水，坡屋顶更多的是形式上的意义而不是功能上的需要。但现代建筑需要有更多的设备空间，如空调外机、排烟风机、消防水箱等，将这些设备巧妙地隐藏在

| 1 | 3 |
| 2 | |

1　展示中心山墙面

2　景观连廊入口处透过月亮门向东看向展示中心

3　通向四合院的入口

坡屋顶之中，这样的坡屋顶就同时完成了形式与功能上的双重意义。

5　功能与非功能

功能从一开始就是不太确定的，中间还变化了好多次。商业、展示或接待等，本就是变数很大的功能类型，作为启动区内的功能，这种变数自然更大。这其实并不是个案，这也是中国快速城市化发展过程中的一个普遍问题（某种程度上讲也是正常的问题）。当功能与空间不再是稳定的相互对应关系时，那么，它们就必须要在不断地变化与发展中相互适应。8m×8m 的标准柱网是相对经济的结构尺寸，也是地下室车位相对合理的布置尺寸，但更主要的是为了面对今后各种功能变化的不确定性。4～8m 的标准模数，各种不同组合可以适应各种不同空间的需要。不是大型综合体，而是街巷与院落模式，这种空间类型能最大化地保证建筑的采光面与临街面。街巷中有外置的公共楼梯，剖面内有通高的空间及内部楼梯，与通高空间或上下楼梯相

对应的位置还有屋顶采光天窗。苏州生命健康小镇会客厅的设计不是以既定功能为前提的建筑形式，而是以多向适应性为前提的空间策略。

除了功能的不确定性，空间的非功能性还可以表述为空间的多义性。景观水巷一侧的架空连廊就是一条多义性的半开放空间。它是南北巷道中的交通空间，也是景观水巷边的户外休闲空间。廊道内侧宽度 1.8m，是可供 3 股人流通行的行走空间，外侧柱网间距 4m，柱子两侧是 1.2m 宽的固定格栅，格栅是立面装饰构件，也是空间分隔构件。格栅间可供行人临时停留，也可以摆放固定座椅将其临时转化为临水商业空间。

西南侧的景观中，与西侧道路之间，是一组开放的山门与连廊。这组空间并没有具体的使用功能，是典型的非功能空间。但非功能空间并非没有意义，苏州园林中的廊、亭、阁、榭等也都是没有具体使用功能的非功能空间。过于实用的人生是没有意义的，过于实用的空间也是单薄而苍白的！也许，这组最没有功能的空间今后会成为人们最喜欢的空间。

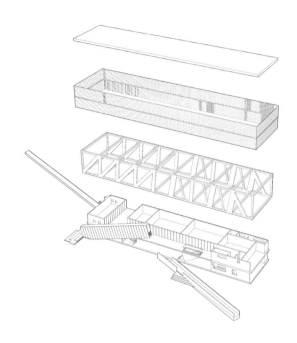

苏州相城区徐图港"桥·屋"

回到城市空间之中

苏州水多，水多则桥多。在传统城市空间中，桥有两项重要功能：一是让人走，桥将两侧的空间连在了一起；二是"让"船走，那时船是水乡城市中主要的交通工具，为了让出下方河中船走的通道，桥面以拱的形式高高抬起。桥多为石桥，石材的受压性能比较好，拱桥是材料与力学的完美结合，并形成了江南水城独特的城市景观。随着现代工业的发展，汽车代替船成为主要的交通工具，人们的生活方式也逐渐从水上转移到陆地。以汽车交通为主的桥坡度不能太陡，没有了下方船行通道的要求，以人行为主的步行桥也不再需要高高起拱，平桥成为现代水乡城市中主要的桥梁形式。平桥没有起拱跨越的高度，空间形式较弱，视觉上基本消失在地面交通之中。苏州相城区徐图港景观带中的

"桥屋"有点像城市中的廊桥，中间有一条斜向通行的开放通道，一楼和二楼有可以封闭管理的商业空间，是"桥"与"屋"的组合。单一功能的桥是通过性空间，不鼓励停留，无法形成城市公共活动空间。桥屋以屋为用，不只满足跨河通行，还是两岸之间空间交往的节点。河面宽约30m，河中没有桥墩，两层层高的整体桁架轻松跨越河面，同时还保证了内部上下两层使用空间的完整性。和传统石材拱桥一样，钢结构桁架桥屋也是结构和形式的完美结合。因为使用功能的植入，桥屋不仅在形式上重新回到现代水乡城市景观之中，还在功能上进一步提升了城市公共空间的公共性。侧边的直跑楼梯完全开放，行人可以自由爬到上面的屋顶。当年在桥顶看两岸街景，今日在屋顶看两岸街景。

1

2　3

1　建构分析

2　西立面

3　东立面

华能苏州苏福路燃机热电厂

非功能空间的功能

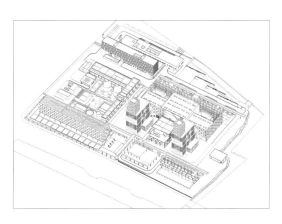 

1 化水区

2 东南向轴测图

3 植入的"非功能空间"廊道

华能苏州苏福路燃机热电厂是华能集团在苏州投放的第一座燃气热电厂，位于苏州高新技术开发区，横山南侧苏福路高架旁，占地约 6hm²。整体设计由江苏省电力设计院和九城都市建筑设计有限公司共同协作完成，其中江苏省电力设计院负责总图设计、生产工艺流程设计以及生产区具有生产工艺要求的生产厂房与设备设施的设计，我们负责厂前区（行政办公）、生产区内非生产工艺要求的建构筑物以及所有生产厂房与生产设施的建筑形式与立面风格的设计与配合。

这次合作的主要目的是在完成原有的生产工艺的前提下探索发电厂类工业建筑在文化、空间与形式上的新的可能。

首先，在文化观念上不是回避或隐藏工业生产的流程或设备设施，而是经过合理的流线组织与布局，将日常生产与科普教育相结合，将企业文化与社会传播相结合，让生产流程与设备设施转变为工业文化与机器美学的艺术呈现，在保障安全管理与生产的同时对公众开放。

其次，在空间逻辑上，结合设备管廊和各功能空间的生产工艺与流程，设计植入了一条可对外开放的参观走廊，这条半开放式的清水混凝土走廊游离于原本的生产厂房之外（不影响原本的日常生产），又编织于既定的工艺流程与生产设备之中。在不断穿插、切分、渗透和转换中，重新组织或定义了传统发电厂新的空间逻辑。原本孤立、单调的

生产厂房在空间的转呈与开合中，或连接过渡，或意外呈现；原本片段、冷漠的工艺设备（如变压器、储料罐等）在专门设计的景窗和视觉通廊中或成为对景，或成为借景；原本离散、消极的户外空间经过巧妙地连接与围合形成了大小与情趣各异的院落与庭院。这是一条与传统生产工艺完全无关的"非功能空间"，却以空间的方式创造并呈现了生产之外的文化与社会价值。

第三，在建筑形式与材料应用上，"厂前区"建筑（一般指工厂中的行政办公区域，一般都位于生产区域的前端，习惯性被称为"厂前区"）的主要功能是行政办公与生产服务，没有生产工艺的约束，建筑形式和技术要求基本与普通的民用建筑一样。建筑立面以"U"形玻璃为主，形式上以结构悬挑与底层架空，结合入口处的水面倒影与中间的院落围合，形成良好的入口空间形象。其他生产性厂房，立面材料以白色铝板为主，立面的分割与组合方式与厂前区办公楼的U型玻璃基本一致，开有竖向窄条窗以满足局部工艺上的采光要求。不同材料同样分割的立面设计逻辑，厂前区、生产区清水混凝土材料的共同应用，加上参观走廊在空间上的积极介入，整体设计既保证了整个厂区建筑风格的统一性，也呈现了工业建筑别样的时尚性与公共性。

华能苏州苏福路燃机热电厂的设计不仅在内在的工业文化上，同时也在外在的建筑形式上探索并实践了一种工业建筑的新的可能。

1

1　厂前区管理用房北立面

昆山市档案馆

形式的力量

1 东南向透视

有时候，形式就是目标，尤其是当建筑的使用功能比较简单的时候。昆山档案馆就属于这样的建筑类型，建筑中的公共空间所占的比重不大，主体部分又都是对开窗与形式没有过多要求的档案库房，设计中没有太多的复杂依据，也没有太多的功能障碍。形式就是形式，形式就是表达！所以在开始想为它整理一些文字的时候，发现能表述的并不多，或者说要表述的已经都表述在形式之中了。突然想到前些年曾经应邀为《建筑师的非建筑阅读》写过一篇专门讨论"形式的力量"的文章，这篇文章也可能已经提前为几年后的昆山档案馆做好了理论上的注脚吧！现全文转录如下：

最早读书时，对语言的理解很简单。语言是用来表述内容的，是表达的工具。语言是用来记载事实或虚构幻想，是用来讲故事的，语言自身似乎是没有意义的。书读完后印象最深的往往是故事，语言的记忆是早已没有任何痕迹的了。

最早做建筑时，对空间的理解也很简单。空间只是用来组织功能的，形式追随功能。形式和功能密不可分，但形式是功能的儿子。

今天的文学，语言依然在讲故事，却已不再满足于讲故事了。语言在讲故事的同时并跳离故事，表演着自己，故事变为语言的载体。

提及现代主义小说，我们所说的从传统走向现代，主要就在于这种小说叙事的叛逆。这种叛逆坚定地指向从主题向语言的转移。普鲁斯特只相信能随感觉流动的语言，福克纳认为痴者的乱语也可以讲述内心的真实，乔伊斯甚至尝试着将标点符号都从语句中放逐出去，以文字的杂乱坦陈世界的无

序。可以说，从普鲁斯特以降的小说作家展现出一种共同的创作风格，那就是，表述本身要比表述的东西更重要（格林伯格语）。

今天的建筑，依然有着必要的功能，但形式已不再甘愿顺从于功能与技术的钳制，甚至反过来不断地挑战着功能的合理性与技术的可能性（CCTV大楼）。

建筑与文学本属两个领域，所以有建筑专业与文学专业之分，且为文理两科。但如果延伸到建筑"艺术"与文学"艺术"的层面上，就同属于"艺术"范畴。可以说文学是关于语言的艺术，建筑是关于空间的艺术；而空间是建筑的语言，空间的比例、色彩、质感、光影的相互关照述说着空间的故事。所以，在"艺术"的层面上，建筑与文学有着语言学与符号学的共同特征。

既然语言不只是用来讲故事的，那么，空间就应该也不是简单用来满足于功能的。建筑师弗兰克·盖里就说："功能不再是当今建筑的主要矛盾，空间是不变的，功能是可变的。"看看今天有多少火车站变成博物馆，工厂车间变成艺术家工作室，就已经比较能说明问题了。

从热爱文学到执业建筑，深感"连类无穷"，也阅读出了这两者间许多相同之处。用文学艺术的研究方法来分析建筑艺术，甚至预见建筑艺术的发展方向，这是一种比较有意义的类比，时常会有惊喜。常常在对建筑的思考懵懵懂懂、百思不解时，文学中的答案却已昭然若揭了。

建筑之外所开启的这片澄明境界，往往来自别样的心态。执业是每天必须要面对的日常工作，永

远是一种敬业而谦卑的心态；同时面临着公司生存的压力以及社会的不理解难免还有些焦虑。而阅读则是一种业余的放松心态，在放松的心情中，心理的开放度是最大的，很多美好的收获就在不经意中照亮进来。这正是阅读的启悟。

再回到建筑上来讲，如果说可以彻底否定功能，恐怕还不能完全接受。建筑艺术与文学艺术相比，终究是偏向于实用的艺术。但功能在建筑艺术创作中的权重今天是需要重新进行定义的。或者说，不是功能不重要，而是说功能应该已不再是建筑艺术的主要矛盾。这就像我们已经不仅仅满足于传统意义上的吃饱穿暖，我们所关心的是"锦衣玉食"的生活美学，吃要讲情调，穿要讲个性。吃和穿已经被赋予更为丰富的文化内涵，成为生活方式的形式和语言。

建筑上升到艺术范畴，更多就是其形式的价值。功能的问题属于工程师的责任范畴。和那些复杂精密的生产工艺相比，和计算机的程序网络相比，我总觉得将建筑的功能理顺应该不是一件困难的事情。

艺术正在从一种复杂的文化观念走向一种单纯的形式美。文本的结构，而非主题决定着作品的意义。语言自身的质感、笔触、肌理强化了文本本身的"话语感"与"立体感"。这种更为空间化的文本结构，也许不再是绘声绘色地讲一个好听的故

事，不再是可以轻易地总结出中心思想、段落大意的读写范本；很可能，情节、人物、因果关系都不复存在了。读者的注意力被强行从主题的判断、情节的推测、对人物的喜恶中拉出来，去凝视语言以及文本结构自身的流动、空缺与跳跃。

当然，这种小说依然是在讲故事，只不过不再满足于本本分分地讲故事，而是通过结构的游戏展现着故事更多的可能性。

建筑艺术是关于空间与形式的艺术，不是关于功能的艺术。因此，形势追随功能的现代主义建筑的教旨应当被置换下来。今天，形式就是形式，形式具有自身的生命力，可以超越功能而独自游戏。功能只是形式的载体。所以，我主张建筑艺术回到其原点：回归形式的本身。

维特根斯坦在《哲学研究》第 23 节中曾有一句著名的论断，"想象一种语言意味着想象一种生活形式"。那么，想象一种建筑形式是否也同样意味着想象一种生活方式？那么，这种想象的形式或者是能够唤起想象的形式是否也绵延着无限的空间能指？这样，建筑师所要关心的就不再是做什么，而是怎么做的问题了；建筑艺术就成为自由地捕捉那些能够激活想象力的建筑语汇和形式，使每一处空间都自在地舒展，用形式的力量引发心灵的触动。

现代主义小说曾经采用游戏时间的理念来消

１３２

1 西南向立面局部

2 西南向透视

解叙事的逻辑。《尤利西斯》的日常时间、《追忆似水年华》的记忆时间、《百年孤独》的魔幻时间都直接改写了小说叙事的固有模式与结构。卡夫卡对待时间采取了有意消解的态度，他的叙事时间也因此无限地向无时间（或零时间）接近。当卡夫卡在无休无止地延宕中拖延着故事时间的正常程序，当达利的时钟被烈日烤得熔化了晾在枯干的树枝上时，我们却分明在传统的逻辑之外直接面对了文字、线条与色彩所呈现的陌生而真实的感受。

语言不再是表达所固有的客观世界，而是在经验中遭遇真实。前几年，在法国蓬皮杜艺术中心曾有过一次这样的展览：艺术家将展览中心内所有标明功能与流线的指示牌用同一种材料遮蔽起来。由于缺少了既有设定的依托，原有的秩序被无序地展开，原本的功能空间被彻底地均质化。人们在不同的参观路线中随机拼贴着各自空间阅读的感受，从而达到盲人摸象般的主体认识。这是一次行为艺术对现代建筑功能主义的彻底消解，并昭示了功能消解后建筑空间所呈现的别样魅力。空间是可以独立于功能而自己说话的。

由此，是否可以说：建筑不是分析与推理的结果。建筑的形式与功能没有必然的因果关系。同样的场所，同样的功能，显然可以有不一样的解决方案，即可证明这一论点。

形式不是建筑用来说话的语言，形式是作为语言自己说话的。罗兰·巴尔特从文学上说：作者死了。同样，"建筑师也死了"。

这就是形式的力量。

（摘引自《建筑师的非建筑阅读》张应鹏）

国家知识产权局 江苏中心行政楼

空间·形式·形而上

1

1 西立面局部

国家知识产权局专利局专利审查协作江苏中心位于苏州科技城，分南北两期建设，一期位于北侧地块。总体规划及主要建筑群由美国优联加建筑设计事务所设计，位于一期南部入口处两侧的行政楼与餐饮配套用房由九城都市建筑设计有限公司的张应鹏及其团队完成。在这项任务中，建筑师需要解决两个主要问题：一是如何处理好与原有设计在空间与形式上的协调性；二是能同时呈现出不同建筑师的不同表达，这其实也是业主将这两幢最主要的建筑，尤其是本文介绍的行政楼分解出来另行设计的主要动机。

空间以退让的方式积极介入整体

在原有的总图布置中，"江苏中心"建筑群由若干栋 C 形和 I 形标准单元沿中轴线两侧排列，平面紧凑、造型简洁、形式统一。行政楼及餐饮用房修改后的设计在总体上尊重并延续了原有布置的空间格局：西侧依然是餐饮部分，形式和材质均沿用了原设计中 I 形单元的特点，强调了秩序的总体统一，但更为简洁；东侧的行政楼由一个 2 层高

的长方形玻璃盒子和一个 3 层高的方形盒子上下叠合而成，底部退守东侧的 L 型长边与西侧的餐饮配套用房形成围合，于中轴空间的入口处形成了一处相对开阔的广场。3 层的方盒子选择了在空间上向上退让，底部 3 层部分架空，不仅为行政楼提供了良好的入口引导，同时也丰富了广场空间的层次与大小。底部玻璃盒子内为对外的服务大厅与多功能厅，3 层架空的部分中有门厅、接待以及展示等公共空间，上部的方盒子是私密性相对较高的办公空间，向内通高的中庭为内部办公人员提供一处椭圆形带自然顶光的共享"天井"。这种以功能逻辑为依据的空间逻辑以底部退让与腾空的双重方式既强化了广场的公共性，也在形式上完成了对群体建筑标志性的统领。

形式以精致的构造表达细节

行政楼两个盒子的叠合，形式简洁而单纯。上部方形盒子的立面采用了层间的水平划分与落地长窗的竖向分隔，这一原则保持了和原有建筑立面分格逻辑上的协调性，但材料改变了。原有建筑是

干挂花岗石，这里改成了金属铝板，在构造与风格上更加精致、细腻，颜色也有意选择了微差中的变化，原有花岗石是浅米色的，金属铝板是纯白色的。这两种变化克制但不犹豫，理性而优雅地将行政楼的身份从整体的统一性中呈现出来。底部两层的玻璃盒子，立面依然采用层间的竖向分隔且构造继续强调着细节的表达：一是对玻璃的雾化加工；二是竖向玻璃间做隐框处理，隐框后的玻璃盒子更加简洁完整，而雾化后的玻璃则改变了常识中玻璃原本的通透性，在外部阳光的照耀下或是在内部灯光的弥漫中呈现出一种半透明状的温润。

形而上的人文精神

如果说空间逻辑与形式在某种层面上讲还只是形而下的设计策略，那么在作为笔者多年的朋友和合作伙伴的建筑师张应鹏这里，其背后的形而上可能还潜藏着某种真正的理想与追求。他早年因为喜欢苏州而选择来到苏州，后来因为偏爱人文而攻读西方哲学。他认为，建筑不只是简单地解决"功能或形式"这类基本问题，建筑必须承担起更重要的"社会责任"。他喜欢昆曲、评弹、苏绣，甚至喜欢上了甜而糯的苏州饮食（这是和他的家乡皖南饮食明显地偏向于咸辣而完全不同的口味特点），骨子里的苏州情结加上近 20 年的苏州生活，从某种意义上讲，他早已经是一个比苏州人还苏州的苏州人了。张应鹏一直认为建筑设计其实是建筑师自我表达的一种方式，反映着建筑师对社会现实的思考与批判，也反映着建筑师个人的理想与追求。早在 20 年前刚来苏州不久，他就遍读有关苏州文化的各种书籍，并从苏州的语言、饮食、农耕、

戏曲、刺绣、文学等多方面努力寻找苏州建筑的地域化方向，并发表论文《吴文化的传统内涵及其新的时代特征》。苏州有着其独特的地域文化，苏州人儒雅、细腻，有着明显的敏感、优雅的柔性特征，自信而不自负，谦卑而不自卑，即使在外部条件的种种局限下，也会以一种出世的方式积极入世。精湛的技艺与精致的细节是苏州地域文化的外在形式，无论是工艺美术上的刺绣、核雕、玉雕，还是戏曲界的昆曲，建筑界的香山帮，无不在细节上追求极致。这种内在的儒雅高洁与外在的精致秀美让苏州呈现出一种特有的气质。这也是我们再次参观"江苏中心"行政楼的进一步感受。它自然而然地融入群体之中，又自然而然地游离于群体之外，既表达了对周边环境尊重的态度，也不掩饰对自我追求的肯定，不卑不亢、亦礼亦宾，这正是江南人文精神中绵柔如水的坚韧，是江南文化中的水文化的体现；行政楼上部办公空间里不同方向的隔片分隔出不同宽度的落地长窗，光影疏密，开合有度，内向型的共享中庭和底部半围合的入口广场都是在有限的空间中对公共性的积极回应，体现出张应鹏所强调的空间的"社会性责任"。下部体块中质感柔和的雾化玻璃是隐约朦胧的另一种意境，雾化玻璃之间间或跳跃的透明玻璃类似苏州园林中的景窗，小心翼翼地抹去了雾化玻璃的内向性，在外景中截获出一幅幅山水立轴。

而当我们离开之际，于不远处再次回眸流连时，初升的阳光刚好从建筑的玻璃中反射出来，静静的山脚下，建筑柔和而温润，温暖而宁静；一个温文尔雅的江南书生，一杯清新淡雅的碧螺绿茶，一折宛转悠扬的水磨昆曲，似曾相识！

（摘引自《建筑学报》2015.05 张曦 王凡）

1

1 西南向入口透视

1

1 东立面

苏州科技城 18 号研发楼

零度空间

1

1 东侧建筑与山之间的院落

苏州科技城 18 号研发楼位于苏州科技城青山脚下西南侧济慈路与科灵路交叉口的一块三角形地块，用地范围约 1.13hm²，总建筑面积 1.54 万 m²，其中地上建筑面积约 1.04 万 m²。

这是一个中等规模的研发建筑，设计首先是解决与东侧山体之间的相互关系。山体不高，坡度也不是很大，所以建筑并没有采用嵌入山体的方法，而是结合规划要求，按用地红线正常后退。后退的空间与山体之间的景观是专门设计的，因为有外侧建筑的屏蔽，这里听不到外侧城市道路上的交通噪声，这里其实是相对静谧的后方庭院。同时，结合北侧窄而南侧相对较宽的地形特点，三组建筑由北向南呈锯齿形布置。锯齿形是相对自由也相对开放的边界，这也是为了进一步与相邻的山体边界能取得更好的交融。

设计的第二个问题是处理与城市道路间的关系。建筑的南侧与西侧都紧临城市道路，建筑的南立面与西立面也都比较完整。因为有西晒的影响，西立面上开窗也相对较少，所以相比之下，西立面更加完整。西侧的济慈路在地块南侧向西有微微偏移，但建筑的西侧边界并没有随之偏移，而是保持着南北正交，这样就在地块西南角的转角处退出了一块空间余地。这个退让至少解决了 3 个问题：

一是正好利用这个缓冲解决地下室的车行出入口；二是让城市道路在转角处能有更好的空间视野，以减少建筑对城市道路的压迫感；第三，通过转角绿化对建筑的遮挡，让建筑巧妙地融入后面的山体绿化之中。

建筑南侧高度为 2 层，中间为 3 层，北侧是 4 层。这种渐次退台的布置也是为了进一步消减建筑的体量与尺度，以取得与山体更好的整体关系。

设计最重要的是解决空间中的功能问题，但实际上这次所面临的却是又一个没有功能指向的设计命题（说"又"的意思是：之前我们已经设计过苏州科技城内的 4 号研发楼和 7 号研发楼）。没有具体的功能方向，这在项目名称"苏州科技城 18 号研发楼"中就可以看得出来。

建筑与人一样都是有名称的。名称不仅是一种身份定位，同时也包含着对身份的定义。比如说前面的"华能苏州苏福路燃机热电厂"，就至少包含着 4 个明确的身份定义：1. 项目的主体是中国华能集团；2. 项目所在地位于苏州；3. 建筑功能是发电厂；4. 发电工艺是通过燃烧将热能转化为电能（不是水力发电，也不是核能发电）。这样，仅通过简单的名称信息，我们也已能对华能苏州苏福路燃机热电厂有了初步定义。但"18 号"是什么？

"18号"只是第18个没有具体功能指向的建设项目，是我们开始项目设计时的一个临时的名称。数字只是一个代码，是一个没有方向的指向（0°），或者说也可以指向所有方向（360°）。

建筑从外面看上去是一个完整的整体，但实际上是由3组独立的空间连接而成，这样就可以满足后期相对灵活的招商模式。可以是3家相对独立的公司入驻，也可以由一家相对较大的公司整体使用。其实所有的空间都是没有指向性的标准平面，所以还可以进一步切分，可以满足各个大小不同的主体。当有具体功能需求时，建筑设计就有了明确的靶向目标；没有具体功能需求时，零度设计就成为建筑创作的主要目标。零度空间是没有功能指向的空间，但同时也是因为没有具体的功能指向而指向多种可能。

| 1 | 3 |
| 2 | 4 |

1 东侧建筑与山之间由东向西看

2 西侧建筑与景观之间的通道

3 沿西侧济慈路由北向南看

4 东侧建筑与山之间由北向南看

1

1　西侧立面局部

永恒的日常

"艺术来源于生活而高于生活"最早是谁说的无法考证，较为完整的理论是车尔尼雪夫斯基在他的《艺术与现实的审美关系》中系统提出的。仔细思考会发现这句话同时包含了两重相互矛盾的指向，一是对日常生活的肯定，是在对黑格尔唯心主义美学批判的基础上，认为美不是主观自生的，强调美存在与现实生活之中；但同时又是对日常生活的否定，认为日常生活本身不构成艺术，艺术永远高于日常生活。日常生活的重要特点是其鲜活性与复杂性，如果说对日常生活的提炼与抽象是艺术创作的必然路径的话，那么至少同时存在这样两种风险，一是对内容的选择，因为在提炼与抽象的过程中剥离与抛弃掉的有可能恰恰是其最生动的鲜活性与复杂性！二是对高度的拿捏，因为一不小心就有可能升得过高而脱离生活。

博尔赫斯就任阿根廷国立图书馆馆长时在《关于天赐的诗》中写道："我心里一直在暗暗设想，天堂应该是图书馆的模样。"这是文学家视角中的图书馆，切换到建筑师的视角，这句话就是"图书馆应该是天堂的样子"。这种诗意的描述是很具诱惑性的，加上博尔赫斯的影响力，"图书馆应该设计成天堂的样子"已然成为图书馆建筑在设计中需要努力的重要方向。但现实生活中的我们有多少人是"博尔赫斯"，我们有多少人能进入到他的"天堂"（的境界）。高高在上的"天堂"实际上是对普通人群的拒绝，是对普通大众选择性的遗忘。图书

馆应该是城市文化生活中重要的公共空间，应该属于这个城市的全体居民。

作为城市公共空间，图书馆的责任不能只是被动地"满足"少数显在（读书人）的需要，还应该积极"吸引"更多潜在（读书人）的参与。在社会学层面，营造城市整体文化氛围、培养更广泛城市市民的日常阅读习惯或兴趣更有现实意义。所以，我心目中的图书馆和博尔赫斯心目中的天堂不完全相同，我认为它可以更像是（读书）集市。这种想法的第一次碰壁是1998年参加苏州市图书馆新馆的投标设计。苏州图书馆新馆位于人民路、十梓街交叉口，西侧紧临人民路。人民路是苏州古城区南北向城市主干道，按照传统图书馆对环境要求安静的既定思维，建筑的一个重要目标就是要通过设计如何屏蔽人民路上城市交通的干扰。而我的建议恰恰相反，希望空间向人民路打开，利用（而不是回避）人民路上丰富的人流，鼓励并召唤各种随机人群的偶发性参与随机性阅读，书籍不再是以阅读为唯一目标，书籍更像是一种媒介，在阅读与参与中重新建立城市日常生活中人与人、人与书的新的关联。

当然，这个想法很快地就直接终止于了想法。

浙江宁波市图书馆是这种想法在多年后的又一次努力。宁波市图书馆的外围环境更好，位于东部新城城市市民广场西侧，周围分别是市政府、行政服务中心、规划展示馆等重要的公共文化建筑，南临后塘河，有宽阔的景观水面。设计中我还是固执

1　宁波图书馆西立面，有一条开放的"道路"由西向东穿过

地强调着我对图书馆作为城市公共文化空间的两个基本态度：一是城市公共图书馆不是学术研究机构，应该是公共性大于私密性，活泼性大于严肃性，日常性大于学术性；二是书是用来"读"的，不是用来"管"的，一本从头到尾没有阅读痕迹的书是悲哀的，是没有被真正"爱"过的。宁波图书馆建筑设计总体上采用圆形形态以更好地融入周围开放的景观之中；底层南部临水基本架空，架空的空间向南侧进一步扩大为水面活动广场；架空部分还有开放的公共展廊，还有透明围合的咖啡休闲空间及儿童活动空间。为了更大化地扩大空间的公共性，甚至还设计了一条内置的东西向"街道"，街道穿越建筑将西侧的城市道路和东侧的城市广场连在一起，"街道"也是对日常生活的进一步回应。宁波市图书馆的设计是一次国际邀请招标，评委专家由建筑师和图书馆馆长共同组成，听说所有的馆长们都不能同意我这种关于图书馆的新的定义与使用策略。我们现在图书馆中的书还是以"管"为目的，管着不让折，管着不让划，管着不留下任何读者的记录。这种简单粗暴的管理方法无形中在读者与书之间设置了一道隐形的屏障，阅读少了一份深入其中的肌肤之亲。有时候我在想一个普通的城市图书馆到底有多少书是必须珍藏的，能不能开放一些书（或者用简单的办法，同一本书多买几本）允许不同读者在不同阅读的时间或不同的阅读心情中可以肆意记录下阅读时的瞬间感悟，这样，书就从一个静态的文本转变成为一个动态的文本，从一个被动的阅读对象转换成为一个彼此交流的媒介。这种被不断阅读与不断书写的痕迹能让这本书的生命得到真正的绽放与升华，这些书还可以因为书写与记录的价值而转为这个图书馆自己真正独特的藏品。

博尔赫斯还说过，"对于我来说，被图书重重包围是一种非常美好的感觉。直到现在，我已经看不了书了，但只要我一挨近图书，我还会产生一种幸福的感受……"

但我有一个好朋友就说，她最喜欢逛的地方是菜市场，因为在那里"她能闻到日常生活的味道"！

起源于新加坡的邻里中心就是充满"日常生活味道"城市空间。和核心区相对集中的大型商业综合体不同，邻里中心均匀分布于城市的日常生活空间之中，服务半径约 1km，服务人口一般 2 万～5万。邻里中心的功能包含日常生活的全部功能，是邻里之间的日常生活空间。除了少数时候的一些特殊需要之外，新加坡人几乎不需要去城市的集中商贸核心区。新加坡的交通拥堵现象并不是非常严重，除了合理的城市交通组织与管理方法之外，据说邻里中心合理的空间配置与功能配置也起了非常大的作用。

从形式上讲，与日常空间相对应的是仪式空间。古典主义建筑大多形式优先，强调轴线、对称、秩序与等级，是比较典型的仪式空间。现代主义建筑强调功能优先，只是针对古典主义形式优先的部分修正，空间满足使用功能只是设计的前提条件，形式（而不是生活）依然是空间的设计目标，所谓

1 苏州高新区阳山敬老院，丰富的立面材质与色彩

2 苏州工业园区彩世界邻里中心，折坡绿化屋顶让建筑与公园在形态与行为上均融为一体

建筑的现代性更多的是空间的纯粹性。后现代主义建筑转向空间的复杂性与多样性，并以空间的复杂性与多样性正面回应日常生活的复杂性与多样性。

文丘里的《向拉斯维加斯学习》本质上就是向日常生活学习！

日常性有不确定性，从确定性中我们只能学到确定性的知识，学会面对不确定性才能真正面对变化。

日常性还包含缺陷，缺陷让完美走向真实！

和复杂的日常性相对应的是纯粹的目标性，但脱离日常生活后的纯粹功能是危险的，从功能到"功能主义"就是现代主义建筑"死亡"的最直接原因（现代建筑于 1972 年 7 月 15 日下午 3 点 32 分在美国密苏里州圣路易斯市死去——查尔斯·詹克斯）。以生活为前提的设计方法主张将目标功能融入日常功能之中，以宽阔的生活为背景，在丰盈的日常土壤中，空间才能最有效地完成功能使命。

苏州工业园区彩世界邻里中心建于公园之中，是一次商业空间与城市公园的全面结合。设计通过内外空间的相互渗透及内部商业路径与外部公园路径的彼此连接，将商业空间中的购物行为融入公园空间日常的休闲行为之中，连续折板的屋顶绿化将原本线性二维的平面公园提升为三维的立体公园，并在垂直方向上将建筑空间在整体上进一步融入公园之中。

阳山敬老院从东到西由三组大小、规模相近的院落空间整体连接而成。平面上地形沿东西方向有一定的倾斜，建筑按正南北方向布置后，三组空间平面上渐次后退成锯齿状，每组三排建筑围合成南北两个内向型院落，共 6 个相对独立院落。垂直高度上地形从东低西高，高差约 7.6m，建筑高度均为 3 层，3 组建筑从东到西逐层退台。平面上错位加上高度上的退台，建筑与地形相结合，从而很好地融合在森林公园的自然环境之中。老人需要适量的户外活动，但离开建筑外出活动老人会有走失的风险，内向围合的院落比较安全且方便管理。在幼儿园或小学校园的设计中，我会经常有意设置一些不同坡度和高度的地面和坡道，孩子们需要运动，身体需要在攀爬与运动中成长。老人活动不方便，地面需要尽量平整，阳山敬老院虽然三组院落分别位于不同地坪标高，但每组院落都是等高水平的，建筑层高 3.8m，院落与院落之间以相差一层的高度相互平接，交接之处是楼梯、电梯等交通空间和护理接待单元。老人也有很多倾向与儿童相仿，老人也喜欢色彩。黑瓦、白墙、坡屋顶，阳山敬老院整体上还是典型的江南建筑，但在墙面上增加了很多毛石和木材，毛石与木材的自然属性不仅让建筑更加温暖，也和周围的自然环境更加协调。比较特别的是红、黄、蓝三种色彩在立面上的应用。不同的色彩区分出不同的院落，明亮的色彩也让老年空间充满童趣。老人最怕孤独，老人需要倾听与倾诉。老人更需要交往，和年轻人的忙碌相比，老人有更多的空闲。日常空间是阳山敬老院建筑设计中最重要的公共空间。院落露天开放，院落一侧是房间外加宽的走道。院落可以提供日常的户外活动，天气不好时加宽的走道也是重要的日常活动空间，走道与院落之间是透明的落地玻璃，空间之间的活动相互可见。南北两个院子之间的建筑中，放大的走道成为东西向的连续"街道"，"街道"两端分别是东西两个入口门厅，中间分别是餐厅、书画室、活动室、展廊等日常生活空间。中间的这条是"主街"，南北两条加宽的走道是"次街"，两个高差变化处的交通空间是南北走向的两条巷弄。街巷是最日常的生活空间，阳山敬老院中的公共空间就是一个内置的街巷网络。

孙武、文徵明纪念公园是一次对死亡与纪念的双重思考。死亡是生命不可回避的必然组成部分，死亡并不一定意味着消失，而只是另一种存在方式的开始，并以新的方式重新回到日常（公园）生活中来。生活需要有仪式感，但"纪念"本身并非只是某个特定日子里的特定事件，只有以日常生活为背景，纪念才能指向真正的永恒。

位于虎丘湿地公园入口处的相城基督教堂在选址上就决定了与世俗生活的紧密关联，这也和我对宗教的某种理解相一致。入口广场上"十"字形混凝土坐凳因强烈的符号性而显现着神性，但又因为使用上的日常性回到了世俗生活之中，大门外侧的楼梯可以直接通向三层的大礼拜堂，但也因为直接对外而接纳着开放的公共性，相城基督教堂事实上是在强调着宗教性的同时，也回应着生活的日常性。

尼采说"上帝死了"！而我更愿意相信上帝回到了人间。

随着城市规模与城市容量的不断扩大，加上现代科技的不断发展，高层建筑尤其是超高层建筑正成为现代城市重要的建筑类型。但高层建筑是典型的功能主义建筑，无论是办公楼、酒店还是用于居住的公寓，高层建筑中的空间都是非常明确的目标性空间。日常行为最大的特征是包含多种随机性与无目的性。就像传统城市空间中的街道，是城市生活中重要的日常空间，也是人们从一个空间去向另一个空间的重要"通道"，但这种"通道"是积极通道，并因为多种随机性与偶然性而让过程充满意义。过程的意义很有意义！高层建筑中的交通体系中没有"街道"，高层建筑中从一个空间去向另一个空间的通道是电梯，电梯中没有日常生活，电梯中不能"闲逛"。在电梯空间里，人只是一个被运输的物体，电梯空间是非常不友好的消极空间，并直接剥夺了过程所承载的生命的意义。

高层建筑的空间利用效率非常低，日常使用与维护成本也非常高。高层建筑因为向空中发展而"大大提高了土地使用效率"的说法似乎也只是某种表面上的假象，有关研究发现，多层高密度城市的土地利用效率也不低。多层高密度城市在空间尺度的合理性与空间类型的丰富性上有更多的优越性。与高层建筑的功能性与目标性相比，多层建筑或低层建筑所组成的城市空间更接近城市的日常生活。

南京"门西数字生活社区"就是一个研发办公、文化休闲及日常生活相交融的低层高密度城市社区。

"门西"与"门东"相对应，以中华门为基本对称点，位于南京古城区西南角。门东的空间定位是文化旅游，主要功能是休闲餐饮。门西的主要功能是数字产业，是南京在古城区域整体营造"硅巷"空间的重要组成部分。"硅谷"是独立在城市（旧金山）之外的山谷（圣塔克拉拉谷），"硅巷"则是根植于城市之中的街巷。"谷"是上班工作的地方，"巷"是日常生活的场所。"硅巷"是南京市政府借助南京高等院校与科研院所众多的资源优势，在鼓楼区、玄武区及秦淮区等科研资源相对集中的古城区，利用原有城市街巷将新型科技产业与传统生活空间相结合，于2018年提出的一种创新型城市空间新载体。

现代主义将城市生活简单地分解为工作、生活、学习与休闲等各个相对独立的存在，"理想城市"就是工作区、生活区、教育区及休闲娱乐区清晰的功能分区及确定的相互关联。而事实上，生活是一个复杂而又复合的存在状态，这也是后现代主义对现代主义的主要批判与反思。

门西数字生活社区的功能边界是开放的。除了位于核心区为整体服务的公共展示、阅览及会议空间外，夹杂在研发与办公空间之中还零星布局了各种不同规模的餐饮、咖啡空间，展示、阅览空间，休闲、运动空间等。随着无线网络及移动终端的不断发展与完善，工作对固定空间的依赖性已越来越弱，这些不同的公共空间也已越来越成为大家随时选择的临时"办公"地点。这些空间已不只是传统意义上项目自身的简单配套，更像是泛办公空间，

并同时欢迎周边社区或旅游人群的日常使用。

门西数字生活社区的空间边界也是开放的。项目东侧是花露港传统生活社区，西侧是万科利用南京第一纺织厂改建的"悦动门西"休闲运动设施，南侧紧邻明城墙，北侧是恢复建设的晚清园林"愚园"与凤凰台及瓦罐寺。由于紧邻明城墙历史保护带，根据距离有不同限高要求，建筑基本以2-3层为主，都是低层建筑。总图设计中的街巷肌理也是以周边传统空间肌理为依据，尺度比例相互协调，街巷开口或与东西侧已有地块的街巷开口相互对应以加强东与东侧鸣羊街及西侧凤游寺路的联系，或在南北方向上同时打通行为通廊与视觉通廊，将南部城墙与北部愚园及凤凰台等旅游景点在空间上连成一个整体。门西项目并没有因为产业的特殊功能走向自我封闭，不是传统封闭的"产业园"，而是以空间的方式重新建立了产业与周围社区更加紧密的新的关联，建立了一个产业办公、旅游休闲与城市居民日常生活相融合的新型综合城市社区。

建筑不是通过设计建立边界，而是通过设计打破边界，打破功能边界，打破空间边界，从而进一步打破工作、生活、学习与休闲的边界。我们在风景中工作，我们在工作中休闲；生活是一道风景，工作也是一道风景。

建筑设计不只是物理空间的设计，而是一种生活方式的设计，建筑不只是完成空间对功能的回应，而是要直面各个不同发展阶段人类生存状态的思考，这，也是我对建筑学的理解。

1 | 2 3

1 南京门西数字生活街区，中间区域南北向过街楼

2 苏州相城区孙武、文徵明纪念公园，与公园融合的两大纪念空间

3 苏州相城基督教堂，地上景观中预制混凝土所组成的"十"字形可供日常休息的方块与空中十字架

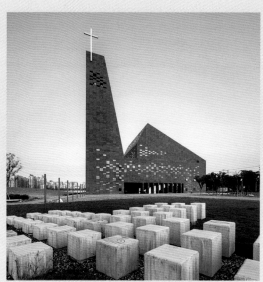

苏州冯梦龙村冯梦龙书院

乡愁与乡建

1 | 2

1 清晨微光下的西北角全景鸟瞰

2 西侧立面局部

冯梦龙书院位于苏州相城区冯梦龙村，基地东侧是冯梦龙故居与冯梦龙纪念馆，是两栋建成不久的仿明式居住建筑。书院的建设是对故居与纪念馆在功能上的进一步补充，提供可以停留与休憩的场所，在整体上打造具有一定规模与特色的乡村文化。

书院没有继续采用仿明式建筑。首先，平面没有采用传统的院落空间布置方法，而是连续封闭的整体空间。入口处的门厅同时兼咖啡与茶吧，南侧有接待室与小会议室；尽端处是一处宽大的阶梯，是开放的阶梯教室，是平缓的台阶，也是一楼通向二楼的交通通道；往北分别是阅览室、书库及墨憨堂。其次，结构上也没有采用传统的梁枋木作，而是钢木结合的现代胶合木体系。和传统的木结构相比，现代胶合木体系受力更加合理，空间的适应性更强；胶合木为再生木，并在对木纤维的重组与

胶合中通过技术处理达到了一定的耐火强度。力学与防火性能一直是传统木结构的两大重要障碍。连续的整体空间不仅方便了功能展开的连续性，同时也保证了室内外气候界面的连续性，这是空调设置的重要前提。内部的隔墙也比较轻松，有的是通透的落地玻璃，有的是连续的满墙书架，没有绝对的功能界限，也没有绝对的视线阻断，中间还有三个天井，是一次现代整体空间与传统院落空间的相互交融。

书院的总建筑面积有 1000 余 m^2，一楼还是连续的整体空间，规模要比普通民居大出很多。为了和周围已有建筑的尺度相协调，建筑的二楼采用了化整为零的设计手法，高出的部分转化为 6 个相对独立的局部体量。传统民居檐口也比较低矮，虽然有天井采光，室内往往也比较偏暗，所以书院

1 | 2
3 | 4

1 一楼墨憨堂

2 藏书室一楼阅览室

3 入口门厅，书架后的阶梯可通向二楼

4 中心水院中的螺旋楼梯

中 6 个高起的部分中除了西北角放置 VRV 空调外机及中间天井上方是一层空间外，其他 4 个都是一、二层连通的通高空间。书院的一、二层层高都不高，因为周围原有建筑的层高都不高。局部通高的空间同时解决了两个问题：一是空间高度上的变化，二是连续空间中的光线问题。

除了尺度与屋顶形式之外，同样的小青瓦、同样的白色墙面，同样的色彩与材质使用让书院进一步融入周围的乡村肌理之中。

先行建成的故居与纪念馆是两栋相对独立的建筑，书院设计时，在前面增设了一条连廊，并向东将东侧的这两栋建筑连在了一起。连廊的形式是仿明式传统风格的，这当然也是为了不仅在空间上，同时也在形式上完成 3 组建筑之间的统一与协调。

连廊向外围合出一个广场。廊子是开放的，广场是日常的。冯梦龙书院通过设计在形式上与行为上同步植入乡村文化。这不是一个从城市里简单嫁接过来的现代空间，而是一个从村庄中自然生长出来的建筑。

苏州高新区
"太湖云谷"数字产业园

有限空间、无限可能

1

"太湖云谷"数字产业园位于苏州高新区科技城嘉陵江路东侧与松花江路西侧之间，南侧为雁荡山路，北侧为昆仑山路，共东西两个地块，中间有富春江路南北穿过。总用地面积 20hm²，总建筑面积 72 万 m²。项目分两期建设，目前建成的是富春江路西侧的一期工程，一期工程总建筑面积约 45 万 m²。

和其他高科技产业园类似，"太湖云谷"数字产业园也同样具备某些共同的使用特点。一是产业类型有方向，但具体的使用功能并不能先期确定。这类产业园都是在过程中不断完成招商的，入住企业的规模不同，对面积的要求也不一样。小的可能只有几百平方米，大的可能会需要一整层，甚至连续好几层，有的独角兽企业还希望能有独立的楼栋，方便"独栋冠名"以满足企业在外在形象上的展示。二是入住后的企业发展也不可能是完全稳定的。有的会快速发展而对空间有新的需求，也有的并不像原来设想的那样顺利，在市场竞争中不断受到挤压甚至会被迫退出。三是空间规模一般都比较大，这样就容易形成同类型的产业在规模上的集聚效应。这一效应的另一个优势还在于共享资源的集约化，大家可以共享一些同质性的公共配套设施以提高公共空间的使用效率并节约额外成本。第四是人员结构上的特点。和普通的生产加工类的工厂不同，这种产业园以研发类人员为主，年轻化、学历高是这个群体的主要构成特点。第五，和生物医药类相比，数字产业园中没有太特殊的实验室；与器械类产业园相比，数字产业园中需要大型设备的空间也比较少。数字研发类建筑中，空间的通用性相对较强。

与此相对应的是"太湖云谷"产业园的空间特点。首先是围合式的总图布置。一期共10栋建筑，5栋高层与5栋多层（或低层）。高层分列于地块的南侧与北侧，多层建筑布置在2组高层之间。高层建筑均为研发办公空间，多层建筑有2栋都是研发办公空间，靠近中间部位的西侧，是预留给可能需要"独栋冠名"的招商对象，其他3栋均为公共配套功能。西侧是嘉陵江路的主入口方向，这里是入口门厅、公共展示及公共接待，中间靠东侧的是餐厅与公共食堂，东侧临松花江路的是会议中心与多功能厅。其次是内外两种空间尺度。整体的用地形状是东西向长，南北相对较短。以外围的高层建筑与城市尺度相呼应，内部则更加强调公共性与开放性。二层屋面是屋顶花园，有连续的通道将所有的建筑连在了一起。第三是首层加高的层高与灵活的平面组合。地面一层的层高均为5.9m，这样不仅能满足部分公共空间的高度要求，同时也为某些有特殊空间高度

要求的产业入住预留了充分的可能，建筑平面也都是标准柱网与相对均质的连续空间，便于各种单元的分隔与组合。第四是弥漫型的多级公共空间。第一级是中间部分中明确的共享空间，第二级是一楼与户外空间相连的开放空间，第三级是二楼开放的屋顶空间。除此之外，最重要的是还在各个不同的标准层中，继续预留了公共空间的各种可能。随着无线网络的不断发展，数字化办公对固定空间的依赖已是越来越小，交往空间与办公空间的界线也越来越模糊。有时，灵活开放的公共空间更受年轻人欢迎。

其实，在"太湖云谷"数字产业园的设计中，使用特点与空间特点的对应关系并不是具体功能与具体空间的一一对应关系，而只是一种思考逻辑上的对应关系，这种逻辑就是以"不确定性"面对"不确定性"。当功能无法确定时，空间以灵活面对，只有以不确定性面对不确定性，才能在有限空间中预设无限的可能！

2

1

1 西侧内街透视

2 高层塔楼底部的形式构成

1 ┌ 2
└ 3

1　西部入口处架空门廊

2　南侧沿雁荡山路开口处透视

3　西侧入口处一角

苏州高新区阳山敬老院

一个哲学分子对日常的真诚解读

1 | 2

1　二楼中庭

2　北侧鸟瞰图

作为建筑师里少有的西方哲学博士，张应鹏对于苏州高新区阳山敬老院，从身为人子的切身体验出发，希望表达的是对天下父母的真诚之心，期待他们能够有尊严地过以往的日子，生活在一个散发着记忆的日常场所。

建筑师的设计手法中隐含着哲学思想及对既有经验的反思，通过"拽进阳光""演绎非功能空间""混搭材料"和"暖出记忆的影子"4 个方面完成了整个建筑群的营造。

1　拽进阳光

"加强老年人的活动，让他们充分享受阳光！"从清晨的微光，到晌午的灿烂，再到夕阳的温暖，阳光载着温度与幸福感，浸透着整个敬老院。朝南的居室无疑充满了阳光，但北向的房间如何引入温暖的空气？建筑师的比喻是："把阳光拽进来！"

因此，北向公共区作为"室内主街"被拔起升高，在屋顶上开启了大面积的天窗，如同一只大手将阳光拽了下来，将光线一层层引入室内，并在整个中庭空间中四散开来。温暖的空气及明亮的氛围赋予人们高品质的空间感知。同时，为了彰显阳光的温暖，运用了杉木板作为内装材料。光线从坡屋顶的天窗投射到室内，又经过位于二层的条形天窗渗透到底层大厅。条形天窗被木质材料包覆，围绕其组织的一体化空间，也可兼做休憩之用。在一层大厅，从上方射入的阳光带来勃勃生机，尽管有些地方的阳光已变得微弱而离散，但它给人带来的自然感受仍是空调、电灯无可替代的。

老年人的居室都布置在阳光充足的南面。阳台是联系居室和庭院的媒介，它成为老年人晒太阳和欣赏园内绿化景观的最舒适的区域。在此，阳台是丰富多变的：一层的阳台直接敞开与内庭院相连，又像是庭院的廊子；上层的内凹式阳台不仅将

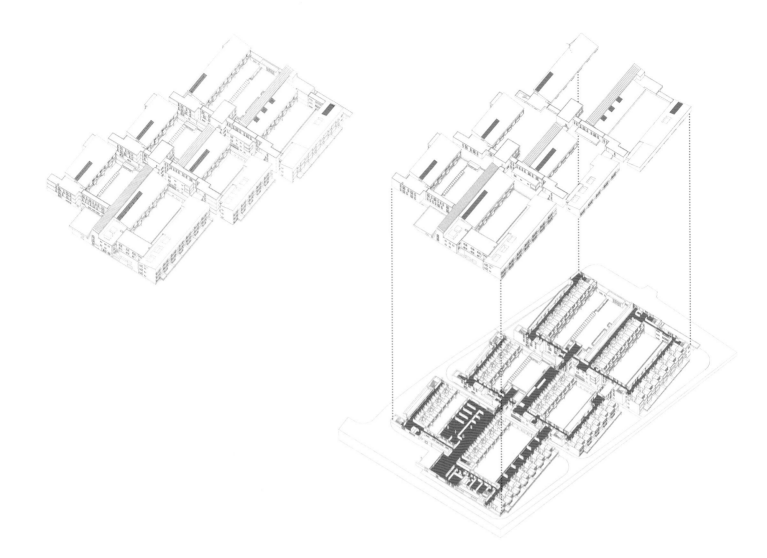

光线引入室内，又作为灰空间将生活空间与室外庭院联系起来；封闭式阳台的玻璃窗既是遮风避雨的屏障，也犹如收纳庭院风光的景框。

庭院空间的设计延续了对传统院落的记忆。从体量上看，院落由三层高的建筑围合，适宜的空间尺度也使阳光可以抵达庭院的每个角落。住在一层的老年人还可直接穿过阳台抵达庭院。庭院内，多彩的窗框成为院子的点缀，杉木板的使用增添了自然的温煦，阳台空间的凹凸处理则呈现了阳光的跳跃。户外的庭院有着与室内活动空间截然不同的性格，在这里聚合了风、植物与阳光的相互作用，融合了建筑师对传统院落空间的记忆和体验，表达的是一种将日常性融入空间的立场。

2　演绎非功能空间

张应鹏早在攻读博士时期就开始了关于"非功能空间"的研究。对于非功能空间的探讨也始终贯穿在他的项目实践中。他认为，正如哲学中"理性"与"非理性"概念，"非"并非一个否定词，"它可能就是其他功能的意思"。在笔者的理解中，从非功能空间的视角演绎设计，也就意味着将不确定功能的、多功能的公共空间置于不逊于一般功能空间的地位上。

在阳山敬老院的设计中，建筑师一方面通过紧凑型设计挤压居住单元的功能面积，同时与政府协商扩大总体建筑面积，从而为创造非功能空间提供了更优良的条件。

非功能空间以街巷和院落的形式进行组织。三组院落通过加宽的走道和放大的交通节点连成有机的整体，各处的街巷、庭院和平台分布在居住单元的周围，为附近居住的老年人就近提供交往休闲的场地。

其中刻意进行加宽、放大的交通空间形成了6条不同方向的"街""巷"空间。位于中间的东西向公共空间在尺度与形式上都进行了特别处理，是6条街巷中的"主街"，街道之间相互交错，形成网状街巷系统。室外庭院则通过居住单元和公共交通空间进行围合，形成一个封闭式的系统，为老年人提供了亲近自然的活动场地，同时也便于护理人员对老年人的实时观察和照顾。

阳山敬老院中精心设计的非功能空间引导老年人走出居住单元，参与活动、与人交流，从而消减传统敬老院带来的孤独的心理感受。街巷空间整合了餐厅、邮局、银行、培训等功能，将城市中的街道微缩到建筑中，居住在单元里的老年人开门后就可以走向公共街道，这样屋前庭院屋后街的布置，如同"水街""旱街"交错的苏州古镇，将老年人置入当下的生活环境中去，将城市生活植入到建筑中去。

3　混搭材料

在此项目之前，同样是在苏州，张应鹏曾设计了苏州高新区狮山敬老院。狮山敬老院白墙黑瓦，一派江南水乡风格。相较之下，同样展现了苏州传统风格的阳山敬老院，却显得更为热闹和混搭，在传统的白墙黑檐之外，还采用了毛石、杉木板、质感涂料、U型玻璃、铝镁锰板等材料，色彩也更为明亮活泼。

从狮山敬老院到阳山敬老院，沉淀了建筑师的思考。

首先是对于使用者的关怀和尊重。张应鹏从与父母相处的经历出发，探寻老年人的需要："人老以后，气色上或者身体已经衰退了，可能需要从某方面还原一些活力，我觉得是一种老年童心的

1	2
3	

1　西南向轴测图

2　西南向轴测剖切图

3　黄昏中的北立面

感觉""通过一些建筑上的色彩,来让空间鲜活起来",所以在苏州传统风格的基础上,在阳台、窗套等局部应用了带有鲜艳色彩的金属铝板或质感涂料。"就像一件衣服可能是黑的灰的,但是通过内衬、袖子渗透出来一些色彩,显示一些活力。"项目中3组庭院分别采用了红、黄、蓝色系,不同的颜色还可以起到空间识别的作用。

再者是对于环境和日常生活的回应。项目背靠阳山,林木环绕,建筑师认为如果过于表达建筑、表达空间,空间会独立出人的日常生活。而材料的丰富性则会弱化空间和形式本身的纯粹性。在项目中,通过毛石、杉木板等自然材料,取得了与周边环境的协调呼应。楼梯间部分选用U型玻璃,加入了时代感,同时为建筑内部提供了均匀柔和的光线,倾斜屋顶采用铝镁锰板材料,结合保温隔热层设计,兼具耐久性。至于室内则大量使用木板,提供一种宜人、温暖的空间体验。传统与现代材料的结合,表达了对自然的尊重,同时体现了建筑的时代特性。

材料的多元带来了视觉感受的丰富,有些材料是为了营造江南氛围,有些材料是为了营造温暖的感觉,有些是提供均匀柔和的光线,有些是为了活跃空间氛围,各种材质和色彩糅在一所建筑中,呈现出杂糅的日常生活的状态。通过不同材质混搭和色彩的变化,赋予空间活力,让房子充满"老年童心"。

从狮山敬老院到阳山敬老院,是从统一到多样,实现"世俗化"与"日常化"的过程,也是设计者从注重自我展现到注重使用体验的过程,对于不同生活方式、不同经历记忆的老年人而言,采用多元化的建筑材料及建筑语言,能为不同的使用者提供各异的感受,避免过于简洁统一的形式带来单调感与约束感,少一份庄严,多一份平和。

4 暖出记忆的影子

当张应鹏谈及这个项目的时候,首先想起的并不是建筑手法,而是对于"敬老院"这一建筑类型的思考。他认为,老年人与青年人不同,他们并不是逃离烦琐生活的一群人,他们需要的不是对着一片水、一片森林发呆,他们需要交往,需要日常生活。

因而,重塑记忆中的日常生活这样一个想法在建筑中处处着笔。建筑师通过一系列的手法,增加交流的可能、激发活动的可能。在布局上,阳山敬老院由3组9栋较大体量的建筑体块组成,建筑高度只有3层,化整为零,隐在山林之间,尺度宜人。每组建筑中围合了2个院落,一层的老年人可直接从房间进入院落,二层设置了平台,将尺度又降低一级,也激发了院子里与平台上人的视线交流的可能。建筑中的6条街巷串联公共空间,中间的东西向主街串联了许多公共功能,尺度放大的街巷空间为各种各样的活动的发生提供了场所,而多种多样的活动会"使一个城市公共生活的特点微缩到一个建筑里去,变得很热闹"。

空间激发活动,活动带来记忆。张应鹏说,如果为这样的空间加一个定语,那一定是"暖"。街巷中的天窗引入了阳光,室内大量应用了具有温暖感觉的木材,阳光流淌其中,提升了温度,也带来了温暖的氛围。建筑应用了大量的材料和色彩,阳光也是一种色彩,这些色彩让空间充满了活力,带来了"暖"。

暖可以是被感知的阳光和色彩,也可以是不那么容易被感知的人情关怀。建筑顺应地形形成了退台式的布置,二次退台后正好能保证楼层间高度上的平接,这样的设置使建筑内部没有高差,老年人活动更为方便。另外,考虑到老年人走失的风险,从管理的角度,敬老院需要一个围墙,但是建筑师认为,把老年人限制在围墙中,是一种"被监视"的、非日常的状态,对于其心理状态有潜在的消极作用。所以通过设计的手法,把建筑的边界变成围墙。使建筑自身形成了一个封闭系统,"但是这个封闭系统是隐形的,就是他怎么走都走不出去,但是他不会感觉到"。

尺度、色彩、材质、空间上的处理将日常性引入建筑之中,建筑师想的是"为真正生活在其中的老

1

1 东侧建筑与山体的关系

年人争取一点阳光，争取一点公共空间，争取一点活动的自由，而不是被关在一个地方"。在充满阳光的公共街道上，专门定做的座椅、护士站成为街巷中的一个个摊位，等人的、吃饭的、买东西的、收快递的老年人往来其中，在建筑师的预想中，建筑热热闹闹，街道熙熙攘攘，"把老年人一辈子所经历的点点滴滴，存在于回忆中的东西，拉到现实中来"。

5 结语

我们向建筑师提出了一个疑问："这个建筑是建筑师以个人体验而不是通过对公众的询问来入手设计的，如果是一个私人小住宅的话这么做很容易理解，但是像敬老院这种公共性的，是以针对性公众为服务对象的建筑，这种近于主观的方式该如何解读？"

张应鹏的辩述是："相比'公众询问'这种建立在概率统计上的理性的数学模型，主体的个人体验更加真切可靠，大写的'人'不复存在，大写的'人'只是无数个小写的'人'的集体组合，这正是认识论与本体论的根本区别。建筑设计中我并不排斥个人的主体体验，更不试图寻找某种假定的客观存在，而是虔诚地追寻着内在的自我体验，追寻那种对生命与生活的真正感受与感动，然后点点滴滴地用空间或材料的语言呈现出来；这是我的工作与生活方式，也是我生命的外在呈现方式，饱含着我对生命与生活的态度与看法，然后与您分享——而不是给予。"

诚然，每个建筑师都有自己的设计方法论。方法论的缘起或许不同，但不断的实践与反思是方法论走向成熟的必经之路。

（摘引自《建筑学报》2016.01 周静敏 陈静雯）

苏州相城区
孙武、文徵明纪念公园

走向日常的纪念

1

1 西侧空中鸟瞰

1 价值认同下的文化符号

苏州相城区孙武、文徵明纪念公园（以下简称"孙武、文徵明纪念公园"）是结合孙武与文徵明两位先贤的墓室而设计建造的开放的城市公园。其位于阳澄湖西路与文灵路交叉口的西南处、"万家邻里"商业中心的正南侧，占地约 8hm²，东侧与西侧分别为 25 层左右与 6 层左右的居民小区，地块西侧与再西侧的多层公寓之间有一条宽约 10m 的小河，但河岸较为陡直。文灵路，原名文陵路，顾名思义，是文徵明的墓室所在，而其南侧偏东相距 100m 左右的孙武墓室则并非真正的孙武墓室，而是 21 世纪初，"经过长期考察和按先秦里程推算，苏州孙武子研究会协助相城区人民政府在元和镇文陵路孙家门自然村重新修建的纪念墓地"，是名副其实的"虚拟墓室"。孙武墓室位于相城区的说法，从三国到明清的地方文志中都可以找到相关记载，但最早的记载见于《越绝书》："巫门外大冢，吴王客齐孙武冢也，去县十里，善为兵法"。文徵明墓室是江苏省文物保护单位，而真正的孙武墓室究竟在什么地方，由于复杂的历史原因和漫长的时间原因，早已无人知晓。

但这并不妨碍对孙武在苏州、在相城区真实存在过的历史事实的认同，也不妨碍今天的我们出于现实的需要依托这个"虚拟的墓室"建设真正的纪念公园，毕竟日常生活中的文化认同可以不同于文物考古的学术研究。在孙武、文徵明纪念公园中，虚拟的孙武墓地不再是被追问真实的对象，孙武的历史价值也早已转化为一种苏州的文化符号与精

神象征；同样，文徵明墓地的真实性也没有明显的价值导向（考古学与文物价值除外），文徵明的历史价值也已转化为一种苏州的文化符号与精神认同。这种转化为文化符号与精神象征后渗透于城市日常生活中的价值认同，甚至还进一步模糊了两者之间近 2000 年的时空差距，并消解了两者作为军事家、政治家与文学家、书画家之间不同的身份指向。"真"与"假"、"文"与"武"被悬置后呈现出的单纯的价值认同，让两位不同时期、不同身份的历史名人在现实生活中穿越时空，"走到了一起"，并融入鲜活的城市日常生活中。

此时，"真实"与"虚拟"的界线被打破，"生"与"死"的对话成为可能；死亡已不是生命的终点，而是转化为永恒的文化认同；纪念不再是对死亡的缅怀，而是对永恒的庆典。

2 纪念空间与日常空间的并置

孙武、文徵明纪念公园将日常性带入纪念性，又将纪念性带入日常性，它既不是"墓园"，也不是"纪念园"，而是日常性与纪念性相互交织并彼此渗透的城市公共活动场所。

建成后的孙武墓区临近地块东侧的文灵路，占据着地块空间的主导地位，南北纵向空间的加长与明确对称的轴线设计，又进一步加强了空间的纪念性。围绕墓室，是高 4.2m、宽 23m、长 90m 的矩形纪念空间。墓室位于空间的偏北端，北部尽端为清水混凝土墙，地面为青灰色碎石，没有绿化，空间完整且中轴对称，气氛肃穆而安详。墓室南侧空

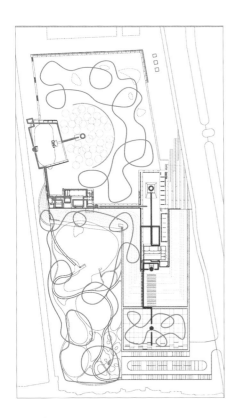

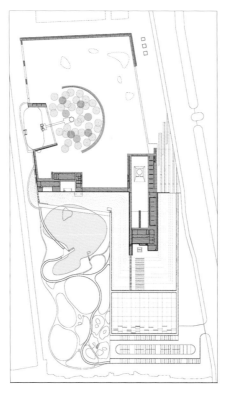

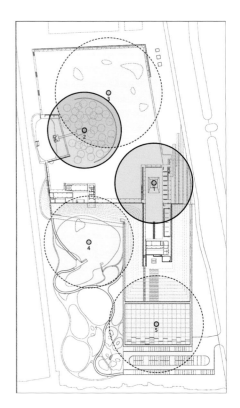

祭祀流线　　　　　　　　　　　　　　漫游流线　　　　　　　　　　　　　　多中心的并置

间的纵深近80m，尽端约四分之一处为静态的水面，"世界兵圣"四个大字倒映其中，与墓室遥相对应。轴线南端是一处90m×60m的祭祀广场，每年5月12日（孙武的生卒年月不详，5月12日是孙武向吴王献兵书的时间）全球孙武后裔聚集苏州相城，在此为孙武举行大型祭祀盛典。祭祀广场的北侧是堆高4.2m的绿化坡地，将孙武墓区分为一动一静、一开一合两个不同的纪念区域，7m高的孙武雕像面南把书、捋须而坐，运筹帷幄、决胜千里。

文徵明墓室位于基地的北侧偏西处，隐于林木之中，置身闹市之外。文徵明墓室处的林木保存完好，自然而富有野趣，设计尊重并保护了这一难得的静谧。不同于家族后裔"枝繁叶茂"的孙武，文徵明这位400多年前的江南才子似乎已没有后人，而且，其在当今华人世界中具有的影响力和作为武圣人的孙武相比也有不同，因此对文徵明墓室处纪念性的定义与预设更带有建筑师的主观情结和个人愿望。首先，于墓区东侧，以文徵明墓室为圆心，在树林的外侧设计了半径约45m的半圆形混凝土座凳，凳高约450mm，几乎贴着地面的草坪，不强调垂直高度，却又明确地暗示着其西侧树林中那一"绝对中心"的存在。墓室的西侧，树林之外是一处不大的水池，传说是文徵明洗笔之处。水池东侧临岸有一石筑牌坊，与其东侧林中的墓室相对，并由此确定了一条向西略偏南的轴线。轴线西端新增的清水混凝土亭和林中的墓穴隔着中间的牌坊相向而对，并将隐藏在林木中的轴线向西继续加强。水池南北两处的亭廊进一步增加了水池

空间的围合感，又是从属于文徵明墓区整体的一部分。建造完成后的文徵明墓区依然隐蔽而安静，但通过设计强化出的纪念性肯定而明确。

与两处墓室明确的纪念性空间相并置的是两处鲜活的日常公共空间。西南侧的公共空间设计以林木、水池、缓坡地形为主，不同于中国传统私家园林中的假山假水，这处城市公共空间采用了模拟自然的现代景观园林手法。开挖水池是一举两得的设计策略，既获得了相对开发的景观水面，同时又解决了北侧造坡与林中地形的土方需要。

文徵明墓室周围原为当地居民临时"开发"的菜地，丛生着各种杂树与杂草，水沟与洼地交错其中，设计的策略是除去各种多余的杂树与杂草，将水沟与洼地简单地平整为开阔的人工草坪。这一策略与西南侧模拟自然的空间策略完全不同，但却同样是对当下城市公共集体活动的另一种现代性回应。

在去除杂树杂草并平整出开阔的人工草坪后，围绕着文徵明墓室的丛林就被突显出来了。这种潜在的仪式感和纪念性与孙武墓区开放的仪式感和纪念性在空间气质与设计方法上是完全不同的，代表了建筑师对两位先贤在文化认同与精神象征上同等尊重的不同态度。

3 祭祀礼仪与随机漫游的交织

假如说"并置"描述的是一种静态的空间存在，那么，空间中的游走则是在三维的物理空间中带入时间维度后的主体体验。处于时间维度中的

1 ──
  └─ 2

1 孙武墓室的矩形纪念空间
2 孙武纪念区室内展厅入口

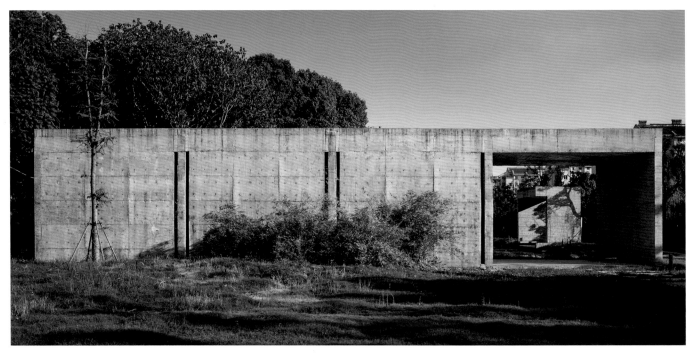

空间体验是"一个关系的网络，它支持定位（及位置关系）和行动（并因此容纳可能性），空间的线索以不同的形式包含在各种媒介中……这些线索经过恰当的解码与编织，将提供一个由关系和潜力构成的体系"。祭祀礼仪与随机漫游作为两种主要的空间体验方式为孙武、文徵明纪念公园提供了两种由不同的关系和潜力构成的多重网络关系。

作为纪念公园中的主体空间，孙武墓区与文徵明墓区的祭祀礼仪有着明确的空间线索与时间线索，并因各自不同的形式包含在各自的空间体验中。

孙武墓区的祭祀空间，是典型的权力空间与政治空间，由南向北，轴线明确肯定，高低起伏变化，空间大开大合。南端起始于一处开阔的祭祀广场，可同时容纳几千人的祭典活动；广场北部坡地抬起，顶端为孙武雕像，有强烈的礼仪感与纪念性。由广场从坡地西侧向北拾级而上，礼仪感随登临高度的变化渐次增强，中心的雕像处亦是空间的最高点。向南望去是坡下宽大的祭祀广场，开阔且庄重；环顾四周的短暂停顿后，继续向北拾级而下，经过一个相对狭窄的长长的甬道，在即将到达"地下底部"的同时，长 90m、宽 23m 的孙武墓区矩形纪念空间在眼前水平展开，带来一种地下陵园的错觉。此时，身体与空间的关系由刚刚的上下关系切换到水平关系，垂直向下的体验转换为水平展开的体验，并由狭至宽地释放出纪念空间的节奏变化。北端的远处，孙武墓穴静静地安置于地面上，似乎在等待着终极的拜祭。

与孙武墓区轴线对称、直线递进的空间序列及其所呈现的庄严肃穆感不同，文徵明墓区的祭祀线索曲折、隐秘而多变，呈现出文学空间的曲径通幽，它似乎没有明确的起点，而是潜伏在孙武墓区展廊的一隅，悄悄向西延伸，经过一个向北侧开放的走廊后，在一处西侧的院落中真正展开。文徵明墓区的祭祀路线没有高度上的起伏变化，而是在平面上，在院落与内外空间之间起承转合。入口是一处开放的院落，院落中设有昆曲表演舞台，院落北侧茶室的南北玻璃门扇可以同时双向打开。这一空间有点暗合拙政园中的"若墅堂"，用于待客与会友。再向西，又进入另一个开放的户外空间，西

侧半封闭的连廊对基地西侧的居住小区进行了视觉上的遮蔽并让空间向东打开。向西的路径中，还有一处相对私密的空间隐藏在左侧的院落之中，这是一种于公共空间中主动隐藏的策略，不邀请停留，可允许错过；西侧连廊向北，穿过西北转角处的开口，围合在水池周边的文徵明墓区悄然展开，同样恭候着访客的到来。

和孙武墓区祭祀体验的大开大合相比，文徵明墓区的祭祀体验更加接近日常空间的生活尺度，属于诗意的文学与绘画空间。

除了两条不同但明确的祭祀线索外，随机的漫游路径所承载的公园的日常行为才是公园真正的行为指向。它们与既定的拜祭路径相交织，并在不断建构与解构的重组中随机定义着访客主体的自我选择。

孙武墓区南端 90m×60m 的大型祭祀广场，除完成一年一次的祭祀使命外，大多数时间里是普通市民和小朋友的日常游乐场所，此时，北侧抬高的坡地是对阳光的迎合，也是对日常休憩与停留的邀请。90m×23m 的墓区空间围而不合，展陈界面亲切而友好。三十几幅关于孙武传说故事的绘画、各种对孙武历史价值的评价、十三篇《孙子兵法》被印刷在钢化玻璃的反面，固定在开放的清水混凝土展墙上，作为日常生活的陈设，融入日常的公园活动。在文徵明墓区，日常生活的昆曲表演舞台与茶室作为空间的主体与墓室并存，纪念不再是瞻仰与膜拜，而更倾向日常生活中的平等对话。几年前，建筑师在浙江湖州"梁希纪念馆"的设计中，曾经探索过开放性路径在纪念性空间中的设置，"走进梁希纪念馆会发现，没有参观的指示牌，没有规定的参观路线。参者可以自主地穿行于展厅，流连于展品……或走出纪念馆，到纪念馆外的山路上，甚至有可能不期然、不自觉地在同一条路上重复地走过……这时候，参观者或许真的忘了参观，而单纯地被自然风光吸引，或事后记不起关于梁希的完整故事，但他的感受与体验却无疑是被纪念馆诱导和激发的……"，这是苏州大学凤凰传媒学院陈霖教授当年对"梁希纪念馆"中漫游式体验空间的解读与描述。这种漫游式的空间逻辑，或者非逻

辑，在此次的孙武、文徵明纪念公园中、在日常漫游空间的组织中被进一步加强。纪念性不再是单一的目标指向，而是弥漫于空间之中，渗透进日常生活，并于不经意间激活历史的沉思。

4 走向日常的纪念

相城区孙武、文徵明纪念公园不是"墓园"，也不是"纪念园"，而是"纪念公园"，是包含着纪念性的城市公园。

在这里，没有宏大的建筑主体，没有垂直向上的构筑物，建筑隐藏在低缓的屋顶草坪下。公园在周围高大的楼宇围合之中，平静而安详。

空间布局中，结合原有的墓地现状和因此而设计的功能分区，公园中有多个组团与视觉中心，孙武墓区的轴线偏东，文徵明墓区的轴线偏西，彼此共存而又相互独立，如中国传统绘画中的散点透视，形成了局部有中心而整体无中心的、均质的平面网状结构体系。

建筑空间以传统的围合手法为主，却又围而不合，每一处空间都在不断围合的同时又不断向外开放，并因此形成空间的转承开合与行为引导。同时，围合空间的界面也是有意模糊不清的，混凝土墙上的开洞与狭缝随时暗示着另一个空间的存在，

而连廊在尽端的转折又开向另一处院落。位于公园中部的建筑是整个公园南北空间分界的界面，界面以北，4.2m 高的连廊与基地最北侧围廊围合出整个北部区域开放式的公共草坪。界面以南，斜坡绿地向南限定着东侧的祭祀广场与西侧的日常景观，却向北消失在屋顶绿化之中，而此处"登高"的视线又将北侧围合的"封闭性"开放在登高而望的视野之中。基地最北侧的连廊，一方面对"万家邻里"的停车场进项必要的遮蔽，同时也在向南的围合与限定中提供了一处面向草坪的休息长廊。在完成这几重必要的空间使命后，这条近200m长的北侧长廊在西端与东端向南转折后悄然停止。孙武、文徵明纪念公园是在不断围合与限定的空间构成中整体开放的日常公共活动场所。

可以看出，相城区孙武、文徵明纪念公园的设计，无论是空间围合的限定，还是纪念气氛的表达都带有明显的日常性：建筑空间从自然空间中截获，但不是逃离日常生活而是归于日常生活；日常性与纪念性并置，仪式感与漫游体验交织；是开启日常的存在，而不是封存历史的纪念；是积极的入世，而不是消极的避世。这不仅是一种设计方法，也是一种生活态度，更是一种社会责任。

（摘引自《时代建筑》2018.01 王凡 王苏嘉 张应鹏）

1	2	3
		4

1　北侧连廊向西通往文徵明墓区
2　连廊与院落
3　北侧边界的围廊
4　文徵明墓区茶室北侧院落

苏州相城基督教堂

落入尘寰的圣石

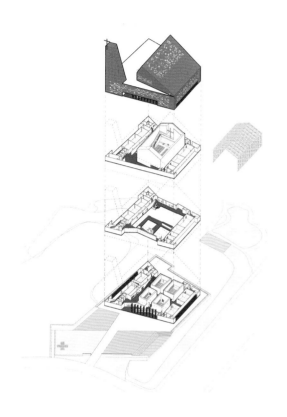

1　东立面

2　分层轴测图

一路驱车斜穿苏州从东南至西北，有如行驶在时间的裂隙中，一侧是粉墙黛瓦的古城，另一侧是广厦林立的新区，上午十点的阳光透过薄纱般的云层，在地面刻下犀利的形状。沿阳澄湖西路由东向西，在驶过丛林般的住宅区后，蓦地豁然开朗，路的两侧再不见高耸的建筑，迎来一片空旷的场地，透过行道树枝叶的间隙，一个巨石般的体量赫然撞入视线，这正是此行的目的地——苏州相城基督教堂。教堂位于虎丘湿地公园东侧入口一隅，适逢五一假期，门前的小路水泄不通，都是来湿地公园游玩的人们，天空是令人愉悦的蓝色，耳畔传来不同声域的对话，皮肤上有阳光抚过的微热。透过熙熙攘攘的人群，建筑独自沉静屹立在场地上，在强光直射下，通体星罗云布，有光熠然，宛若一方落入尘寰的圣石。

苏州相城基督教堂是九城都市的主持建筑师张应鹏近期的设计作品。回顾其多年来的建筑创作，或许从形式上很难发现特定的偏好或倾向，然而

每每深入体察，总能感受到一种浓厚的人文主义情结以及强烈的反思与批判精神融会其中。早年因不满足于设计仅是形而下的驾驭，这位职业建筑师毅然选择西方哲学作为博士研究方向，自此，源于哲学的思考和领悟被不断注入创作中，使其建筑往往以一种举重若轻的姿态承载着对人与世界的深度审视，并潜藏一种拒绝人云亦云的坚持与不妥协。

1　似是而非

相城基督教堂三面环水，用地面积约 2700m²，建筑面积约 5500m²，由于用地较为紧张，各功能空间被竖向叠合了起来，形成一个相对集中的建筑体量。教堂共 3 层，一到二层为 4 个通高的小礼拜堂，其南北两侧分别布置餐厅、主日学教室、办公室等，三层是楔形的主礼拜堂和耸立的钟塔。事实上，若非钟塔和十字架的提示，从外观上几乎很难判定这是一座教堂。简洁的几何形体，如削切雕刻般一气呵成；不同角度折线的引入，自然形成界面的转化和进退；外表面的深色石材，悄然呈现建筑的重量。教堂主入口位于基地西侧，驻足于教堂前的广场，逆光中的"圣石"纯净而坚毅。

环建筑信步而行，会逐渐发现这块"圣石"的玄妙。在这里，传统意义上的建筑构成元素变得模糊，屋顶、墙体、窗、门都变得"似是而非"，人们对这些概念的固有认知正等待被重新检视。

在常规建筑中，屋顶与墙体往往界线分明，分别承担水平向的"遮蔽"与垂直向的"围合"，而对于这座教堂，屋顶与墙体之间的界线被有意模糊呈现为一种界面的连续性。相同材料的使用，表皮 1200mm×525mm 的统一模数化设计，界面转折处砖缝的完美对接，甚至"窗"的肌理也从墙体一直延续到屋面，所有这一切都试图在形式上模糊和淡化界面之间本该具有的差异。

在表皮模数的控制下，建筑师设置了高度分别为 1050mm 和 525mm 两种尺寸的"窗格"，然而

这些"窗格"并非都是真正的"窗",除可开启的窗扇外,有的是包覆铝板窗套的镂空窗洞,有的是在外侧玻璃与内侧 FC 板间安装 LED 灯带的窗灯,还有的是屋面隐藏式排水沟。它们被严格控制在整套模数系统中,结合内部功能空间,进行穿插错动的排布。自然光与人工光,室外光线与室内光线,并存混杂在一起,仿佛来自另一世界的信码和暗语。

建筑首层在南北两侧设置了高约 2.6m 的木质门扇,可做 90°开启,然而这些"门"并非建筑内与外的边界,真正的边界是隐退其后的玻璃幕墙。这些"门"的存在也并非为了边界的分隔,而是为了融通。借此,建筑室内与室外之间形成了一个模糊的"中间"地带,光线抚过开启的门扇,斜射到走廊的地面上,光影间隔呈现极强的韵律感,加之另一侧玻璃的镜面反射,通廊内恍若容纳了亦真亦幻的两个世界。

教堂东临苏虞张公路与阳澄湖西路两条城市主干道的十字交汇处,作为对城市的回应,建筑东立面被赋予一个巨大的类似于"门"的形式,通过白色墙体的微微内收加以强调。隔水对望,"巨门"如同进入另一世界的通道入口,带着对现实生活的吸纳与召唤。然而,它并非真正的门,于是在建筑主入口所在的西立面与"巨门"所在的东立面之间形成了某种微妙的对峙,传统意义上的建筑立面主次关系在这里被消解。

基于对建筑元素和属性的省思,建筑师一直在尝试打破规则,模糊边界,用幽默戏谑的语言,解构人们的固有认知。从哲学角度而言,这种"似是而非"与理性的、明确的、二分的笛卡尔式目光相抵抗,从而呈现了一种感性的、模糊的、交织的存在。

2 模棱两可

相城基督教堂是一个新教教堂,相较于天主教堂气势恢宏的"征服",新教教堂则是一种平易近人的"召唤"。建筑师曾谈及自身对于宗教与世俗的哲学思考,在其看来,二者并非独立并峙的两个世界,而是相互关联、彼此交融。由此,从人的主体视角出发,对于神圣性与日常性的双重阐释赋予了建筑"模棱两可"的姿态。

建筑整体呈现为非对称式布局,斜交错位的形式从建筑延续到教堂前的广场,通向教堂的小路与建筑西侧界面呈正交,然而这一轴向却在广场上扭转了一定的角度,加之另一斜轴的引入,以往体现崇高、神圣所采用的中轴对称式布局在此处化于无形。

广场西北角设置了一些高高低低的石墩,人在现场也许不会轻易察觉它们在平面上组成了一个十字,其中 7 个石墩上刻有关于圣经故事的符号。在牧师的首肯下,石墩被设置成日常的坐凳,那些曾经要被高高供起的元素,在这里却允许人们坐上去,从而形成一个轻松的户外布道场所。

站在广场远望,建筑首层设有高 4.2m 的"门扇",基本延续了南北两侧门扇的形式,只是更加高大,以匹配整个建筑的体量和广场的尺度,同时回应宗教的神圣性。然而走近却发现,此处的"门扇"却非真正可开启的门,而是内含结构的门形柱,广场上道路的指向暗示了建筑真正入口的所在。主入口内退于门柱界面之后,且扭转了一定的角度,这里的门相对小了很多,是日常的、近人的尺度。门为钢板外包木材,且具有一定的厚度,推开时可以明显感受到传递到手上的重量,它似乎在提示人们门后是另一个世界,此刻,宗教与世俗形成一种非常微妙的交融。

进门后,右前方是 3 层通高的大厅,大厅北侧设有售卖与展示空间,仔细观察会发现墙面上隐藏了两个投影仪,正好可投到对面的白墙上。这里通常会投影一些宗教故事,人们经过此处,身影时而会被投射到画面中,这是建筑师的有意安排,实与虚、真与幻叠合在一起,人神世界之间的界线再次被化解。

1

1 西侧鸟瞰

站在大厅，正对面的主楼梯串联起 3 层空间，从底层向上，由宽及窄，由放到收，其上的十字暗示了一个神圣的攀升过程，楼梯最终通向大厅尽端高处的一个门洞，仿佛其后又是一个世界。事实上，除了建筑内部这个略带仪式性的楼梯外，在进门之前的半室外空间中还设有另外一部楼梯。由于教堂毗邻湿地公园，所面对的人群除了参加礼拜的教徒外，还有普通市民，为此，建筑特别引入了这条流线，当没有宗教仪式的时候，二层刻有十字的门扇开启，市民就可以自由到达建筑三层的展厅和大礼拜堂。如果说大厅处的楼梯具有神圣性，那么此处的楼梯则成为更具世俗性的表达。

回到大厅继续前行，南侧是 4 个小礼拜堂，其间的走道平面潜藏着一个十字，传统教堂平面中有"希腊十字""拉丁十字"，而这里的十字却被微微倾斜的角度所打破。与此同时，一部楼梯被安放于走道之中，其相对独立的体量，由两侧的实墙、首个踏步白色的端面以及二层覆盖的"盒子"所强调。楼梯宽度仅容纳一人，犹如一个植入的通道，一个神秘的邀约，不知通往何处，站在楼梯口，不时有人从另一端突然闪过，极具超现实主义色彩。在建筑师看来，建筑设计往往以精确的几何计算、数理推导呈现理性和唯一性，然而现实中还存在一些感性和随机性的捕捉，这才是真正的生活世界。

行走于教堂之中，能够时刻感受到对于轴线、对称、仪式、确定性、必然性的有意淡化和消解，是建筑师继梁希纪念馆之后再一次"反逻各斯中心主义"的践行。当然，这一切归根到底源于对宗教与世俗的重新解读，是从存在于世的人的主体视角出发，思考人神关系，在神圣空间中注入日常生活的探索与实践。

3　潜移默化

在宗教建筑中，概念符号的直接指向与崇高气势的着力渲染是常用的设计策略，而相城基督教堂似乎在有意回避这些视觉带来的强烈印象，更多的是与人感官的多重交织，物质的、记忆的、含蓄的、片段的，这些"潜移默化"的存在最终融合成一股缠绕周身的力量。

基督教源于西方，一直以来带有浓重的西方文化色彩，传入苏州后所面对的是深厚的当地文化历史，为了向中国传统文化致敬，建筑师将一些地方性元素引入教堂设计，它并非直接地照搬，而是内在隐含地呈现。

教堂所在的苏州相城区是中国历史上御窑金砖的产地，然而由于工艺的复杂、土壤中化学元素的变化、工匠的稀缺，今天金砖已成为文化传承的艺术品，无法大量生产。作为对这一历史经典的致敬，建筑材料选用水洗面蒙古黑花岗岩包覆教堂外墙，并延伸至室内外地面，以色彩和质感的表达为线索，牵动与记忆的对话。石材采用细烧毛面，没有磨光处理，只在外面罩了一层保护漆解决防水和抗污的问题，近看类似宣纸的肌理，触手似有温度。与之相应，教堂首层的门廊使用炭化木，

自然的纹理，凹凸的质感，同样将光线内收，颇有岁月的痕迹，延续了材料的内向性表达

另一地方性元素体现在教堂的"窗"，它们是对苏州园林花格窗的回应。今天建筑的窗大多用来通风、采光、分隔室内外，而在传统园林中，窗更多是两个空间之间的渗透界面。对于相城基督教堂而言，真正的内外边界已由"窗"后的玻璃幕墙所承担，"窗"存在的意义是为视线的穿越提供凭借。除建筑外表面上的"窗"，建筑内部面向大厅的墙体上也设置了很多小窗，人从走廊经过，这些小窗会忽然出现，犹如镜头的切入，视线透过这些小窗不断被带回中庭空间，当站在二层南侧的平台北望，视线又恰好能够穿过多重窗的层次触及室外的景色。这些小窗将人们游走于建筑内外的经历联系了起来，成为对空间与时间的双重回应。

除此之外，对于宗教建筑而言，光影设计往往是烘托神圣性的重要乐章，相较于气势恢宏的交响乐，相城基督教堂更像是轻柔片段式的浅吟低唱。建筑大厅处，光线透过天窗映射到白墙上，犹如来自天空的音符，零星跳跃着倾泻而下，与屋顶和墙面的窗洞一起，形成或实或虚，或明或暗的斑驳。首层冥想空间的远端设置一扇窗，窗被蒙上磨砂玻璃，光线透过呈现一圈光晕，纯白的墙面加之快速收缩的透视，显得深远而神秘。小礼拜堂区楼梯的顶部设有隔栅，室内灯带产生的光洒落，在墙面上产生一条条光柱，并因光线角度而发生交叉，形成光的韵律。建筑三层的展厅，光线如同上帝的赐予从天而降，倒置漏斗形的顶部天窗将光痕映射在浅色木地板上。在经历了这些光的变奏后，到达建筑的主礼拜堂，这里同样没有采用视觉强烈的集中光线，而是设置了弥漫性的漫反射光，在枫木色的室内映衬下，彰显光明、平等与共享。暗藏空调风口的展柜安放宗教圣物和书籍，天色暗的时候，展柜的灯打开有如烛台。主礼拜堂的屋顶和墙壁布满隔栅，产生犹如风琴的肌理，同时可达到

吸声的效果，透过隔栅，建筑顶部投下柔和的光线，整个礼拜堂呈现一种安静与肃穆。

没有肯定有力的符号，没有雕刻锐利的光影，相较于强烈的印象，建筑更多提供了一种持续的知觉体验。如同 20 世纪 80 年代早期，芬兰画家尤哈纳·布卢斯基泰特 (Juhana Blomstedt) 将他的一系列绘画命名为"聆听的眼睛"(The Listening Eye)，使人联想到一种从支配的渴望中解放出来的谦逊的凝视。

4　回归生活世界

漫步建筑之中，你会感受到所有表达的线索最终通向建筑师对于意识的自我剖析和一贯的现象学态度。现象学是要求重新看世界的哲学，这里的世界，现象学奠基人胡塞尔将其阐释为"生活世界"(Lebenwelt)，"生活世界"是"我们各人或各个社会团体生活于其中的现实而又具体的环境"，回归生活世界也正是胡塞尔以及其后的海德格尔、梅洛·庞蒂等人现象学哲学理论的基石。

"生活世界"首先是一个非课题性的、奠基性的世界，"生活世界的自然态度"是"客观科学的态度"之前提。现实中，无论是对事物的认知、对情感的表达似乎都被赋予了明确的概念和可能的方式，对于建筑的理解亦如是。事实上，这些所谓科学的"规定"或"预设"都是抽象的、符号的、解释的、间接的表达，而非真实的存在。生活世界并非由清晰的理性所建构，它充斥着多元、含混与暧昧。建筑与现象学的共同目的就在于重新发现生活世界。"为了发现世界，我们需要有一种在世界面前的'惊奇'，需要有意识对于世界的一种'后退''需要断绝与世界的亲密'，以便'松开我们与世界联系在一起的意识之线''使意向之线显现'。"在这样的目光中，关于建筑设计的理性与精确性，张应鹏在相城基督教堂的设计实践中尝试给出了不同的答案，而于我们来说，更具价值的或许正是这种目光与视看本身。

此外，"生活世界"是一个主观的、相对的世界。它关照主体本身，从人的视角出发，探求人与世界的关系。在相城基督教堂建筑中，回归生活世界体现在对人神关系的思考上。在传统理解中，神"高高在上，蔑视此岸，从不在天地间世俗生活中显示，但却在每个人的内心中发布命令"。而张应鹏在相城基督教堂的设计实践中尝试从人的角度思考和塑造神的空间，将人的日常生活注入神圣空间中，没有了崇高、宏大、不可触及，更多是平等、对话、互动参与。此处，神与人不再分处两个独立的世界，建筑将它们融合，重返其未分化的纯朴与原初。

"生活世界"还是一个直观的世界，这也是其最基本的特征。"直观"意味着日常的、伸手可及的而非抽象的。在知觉现象学看来，"要像返回一种原始经验那样返回知觉"。建筑通常被理解为一种视觉的句法，带着对权利和支配的追求，建筑往往呈现一种强有力的印象和效果。然而，来自哲学语境的展示"通过延伸的感情移入，以直接的体验为基础去观察和了解事物从而去理解它的含意"为建筑学提供了新的视野。据此，我们可以谈论一种回归生活世界的建筑，它并非通过明确的符号、抽象的形式来让人产生强烈的印象，而是关乎文脉、记忆与体验。相城基督教堂正是以这样一种源自弱质的、片段的边缘的方式，拒绝每一次可能最终明确地转化为一种中心体验的机会，与人真实的知觉交互，从而产生出一种撼动人心的力量。

5　结语

关于教堂，海德格尔曾描述了这样一段场景和记忆，"教堂，神秘的会聚之地，宗教活动与节日庆典前的期许，晨曦、正午、傍晚，日复一日，四季轮替，常常是一声钟响，百味杂起，穿过年轻的心绪、梦想、祈祷和游戏。"

离开教堂时，游玩的人群已逐渐散去，正午12 点的钟声响起，神圣、迷魅、持留，笔者背对教堂，听到一片宁静……

（摘引自《时代建筑》2017.04 冯琳 胡子楠）

1 三楼大礼拜堂全景

访谈 与 评论

建筑是我的非功能空间

阿岚 ，《设计家》2008 年 9 月

　　在中国当代建筑师里，张应鹏的履历是特别的。他因土木工程邂逅建筑学，从此结下不解之缘；为完善对建筑的理解，在中国建筑业大突进和自己的建筑事业蒸蒸日上之际，他悄然转身，潜心研究哲学，利其器以更善其事。他兴趣广泛，文学、音乐、宗教、哲学，但毕生的理想就是"把建筑这一件事做好"。土木奠基建筑，哲学思辨建筑，一路走来，旁人看到的是他今天的成功，而他自己却从不讳言个中艰辛。人生没有设计，坚持与生俱来，成功只是坚持的结果，不是目的。

　　作为一位建筑哲人，张应鹏坚持的，是要对社会负责任，要做好建筑的世界观，同时还有怎样做一个好建筑的方法论：建筑的非功能空间和空间的非功能性。他认为，一个建筑和一个城市的品质，取决于它的非功能空间，人生亦同此理，非功能性时间决定你是否活得精彩。张应鹏认为自己是幸福的，建筑是他的职业更是爱好，是非功能性的。

岚：阿岚
鹏：张应鹏

建筑：是事业，更是生活

岚　据说您一开始上合肥工业大学学土木工程专业，是因为当时不知道土木和建筑两个专业的区别，但其实您感兴趣的是建筑，那您为什么会对建筑产生兴趣呢？

鹏　其实有些东西是与生俱来的。不论建筑也好，绘画也好，只是需要一个契机去了解自己潜在的东西。很偶然地读了土木工程，当时建筑学和我们是一个系，然后我慢慢发现建筑与自己内在的很多东西都发生了共鸣，就好像把你的痒痒挠了一下，起先没有察觉，但一旦发现之后，有些诱惑是你无法抵挡的。建筑对于我来讲是一次外遇，邂逅了，然后就结下不解之缘，再也放不下了。

岚　您在土木工程方面的工作经历有哪些？

鹏　毕业之后我在镇江的江苏大学基建处工作五年，主要是和工人打交道，看工地，管材料，偶尔也做点设计。

岚　这五年对您后来的设计还是很有帮助的。

鹏　这个是附加的，有这样的经历是很好的，它为我后来学建筑打下了一定的根基。但其实那五年我过得比较悲惨，工作不顺心，自己的状态也不好，但是没办法，那个时候工作是指令性计划分配，包括我考研，单位连续三年没让我考。想做建筑设计，别人问你什么专业的，你说你是学结构，名不正言不顺，那肯定是得不到认可。那时候又正好是改

1 苏州沧浪新城规划展示馆

革开放的低潮期，各方面的打击都比较大，整个人很消沉，找不到方向。

岚 那个时代似乎很多知识分子都找不到方向，后来是在一种怎样的情形下您考上了东南大学的建筑系研究生呢？

鹏 那时候反正也没什么方向，我觉得专业上很不顺利，就想要去考研，另一方面也想系统地学习一下建筑。当时正好身边也有这样的氛围，最后我们那群人考的全是好学校，东大的、南大的、北大的、清华的……全是这一批。后来我反过来想，其实人生就是这样，在逆境里恰恰能做些有意义的事情，一帆风顺的时候反而容易沾沾自喜，日子也过得很快。

岚 您在东南的学习有哪些收获？当时您肯定是怀着极大的热情去学建筑学的，现实和您的理想是不是有差距？

鹏 应该说我今天所有对建筑的认识和成果全部得益于那一阶段。之前在合肥工大本身学的是土木工程，只是通过业余时间对建筑学有一些感知。虽然合肥工大这个学校也很不错，但是两个学校的培养方式不一样，建筑方向也不一样。我觉得到东大的第一年就有一种很明显的感受，就是东大的设计图都画得非常普通，方方正正的，规规矩矩的，后来才知道这个是最难的。它的图你看着觉得很普通，但事实上是很沉稳的，实际上做出来的东西都比较好。建筑的做法其实不仅仅需要看图，这个给我的印象很深。

　　另外，环境也是很重要的。一方面跟导师学很重要，当时我师从齐康老师，那时候教研所还集聚着一批精英，整体学术氛围很好。我们东南大学建筑研究所是需要坐班的，大家研究的东西都不一样，能相互学习。其实只要有悟性，除了自己做的会有一些提高之外，还可以受别人的熏陶。在那样的环境下，我受益很大，对建筑设计也有了一个新的认识。

岚 你研究生阶段主要研究的是什么方向？

鹏 研究方向是"建筑设计及其理论"，但是我做的论文却又回到一个老话题上去了，做的是一个国家的"八五"重点项目，关于长江三角洲区域科学体系的研究，这个项目当时是清华大学、同济大学、东南大学三个学校一起做的，最后获了国家级的一等奖。主要研究的是城市的分布、人口的结构、产业的结构、区域之间的关系以及区域优势。我当时做的是丹阳的一个小县级市，在研究中需要考虑人口结构、产业结构、城市空间形态的发展状况以及周边的地理关系等元素，是很宏观的。这些研究与我们当时的现实生活还是有点距离的，但是这些恰恰到现在还有用，它对于国家发展的意义很大。现在这些对我还很有帮助，比如跟政府打交道的时候，我就会站在一个宏观的层面去想问题，而不仅仅是想到我的空间尺度、比例、形态这些具体的东西。

学哲学：内心的需求

岚　总的来说，您三年的学习还是偏重建筑形态和城市设计。谈谈您研究生毕业之后在苏州做建筑的一些情况。

鹏　1995年研究生毕业，正好苏州的新加坡工业园区刚刚成立，需要一些做建筑设计的人，我就去了。在那边工作了两年，可以说有很多很好的机会。但是后来我还是决定放弃这份工作去浙大读哲学博士。如果说第一阶段去读研究生是为了工作，迫不得已的话，那么第二阶段去读博士就反映了一种内心的需求，纯粹是为了完善自我。那个时候我并不需要这个文凭，而且读哲学在别人看来是没有用的。不管在经济还是在精力上都要付出非常大的代价，所以很多人不理解。但我认为人一辈子能为自己的一两个兴趣和爱好去付出还是值得的。

岚　那当时为什么会选择读西方哲学这个专业？

鹏　如果要追究到根子上，还是因为我太喜欢建筑了，所以我想把这件事做到最好。我觉得要把建筑做好，如果不去学哲学，不去学文学，不去提高自己的社会学水准，我的建筑设计就会永远停留在形态上。这从我的博士论文《当代西方哲学中的非理性主义倾向对建筑的影响》就能看出来，我写的还是建筑，只不过是把哲学和建筑放在一起来研究。我总结了非理性主义在建筑设计中体现出的不确定性、偶然性、否定性、世俗文化等。所以我读哲学，在别人看来可能是无用的，可是对自己却是有用的。而且这也是我这么多年来反思建筑教育的一个身体力行的证明吧。我一直认为中国建筑学的培养方向有些问题，它一直被当成一个理工科的方向来培养。中国古代传统认为建筑是"匠"，其实

1　苏州科技城7号研发楼

2　昆山龙辰大厦三层处采光中庭

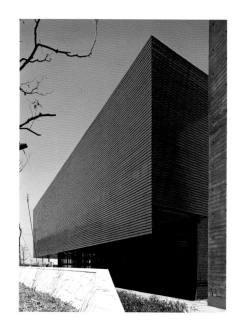

就是形而下的。到了现代社会，更是把建筑师当成工程师，当成技术人员。我认为建筑学实际上是形而上的，因为建筑设计是很社会化的，对宗教，对经济，对文学、心理学，各个方面都需要了解。同样，建筑评论与建筑作品说明的写法也不能仅仅拘泥于工程描述，而是在手法与做法上表现自己的设计思想。

岚 但是有人觉得这样很学术。

鹏 是的，建筑师需要有这种严谨性，但是阅读建筑不需要这样。我当时学哲学就感受到建筑学是感性的，你去看我们的建筑，也是有人文气息、有灵魂的。一个人不能感性地用语言表达建筑，说明你对建筑本身还没有感悟，并没被自己的建筑所打动。如果你不能感受建筑自身所带的这种人文魅力，这种骨子里的气质，那你怎么去做建筑？你最多就会构图，运用空间。这样也不是不行，但是我就是觉得浅了一点。

岚 这三年的读博生涯一直是学校封闭式的吗？

鹏 第一年没有，有些工作还在延续。那段时期生活也的确是有困难，又没有多少收入，我还要带个孩子，养父母，多少有些社会责任感，觉得还是需要做些工作的。但是读了一年以后发现没那么简单。哲学学起来是并不简单，我想既然要学就把它学好。所以后面两年，我就决定一心一意把书读好，在一个宿舍待了两年。按照当时浙大的标准，非本专业读博需要读四年，但我三年就把它读完了，论文也做出来了。导师也很照顾我，考虑到我的生活压力，就让我提前答辩毕业了。对我来讲，我要把学到的东西应用到实践中去。而且学了这么多东西也应该反馈给社会。

岚 那两年你跟建筑之间存在什么样的沟通？

鹏 完全没有沟通，那两年我也是有意识这样做，我希望更多的是和哲学、文学、音乐这些门类打交道，而且杭州是个好地方，这方面氛围也很好。原来的浙大里面有一些文学家，我常和他们一起喝酒。文学就是另一个圈子，能感受一种别的文化氛围，它给了你另一个交流的范围。我们能在文学、哲学、历史、音乐方面交流很多，可以具体去吸收一些营养。我之前的建筑学习是打基础的，开始时你积极地去获取它，获取它后你必须有能力把它甩掉，才能让新的东西进来。

坚持：最难，也最容易

岚 您当时对博士毕业之后的工作有什么构想吗？

鹏 博士毕业以后，我就想到一个地方去工作，于是去了设计院。对我这样一个不擅长经营的人来讲，我只有一个理想，就是把建筑做好。我觉得一生能把一件事做好，就很不容易了。但是当下的建筑业还是存在很多矛盾的现象，比如我当时是首席建筑师，职位应该是很高的，但是我的奖金还不如一个普通建筑师高。原因是什么？中国建筑业目前大多数都是按产值算奖金，按你完成量的多少算奖金。那问题就出现在这了，不是跟你的作品好坏有关，而是跟你做的产品量有关。

岚 所以很多人都去做住宅那种很量化的东西。

鹏 对，另外这种分配的方式本质上就不主张去创新，不主张去做好。其实后来我自己也遇到了这样的问题。我认为最重要的是把东西做好，哪怕设计费少一点都是可以的，但建筑不能一个人做，这样，你就会发现原来跟着你的人慢慢都跟着别人去了，剩下你一个孤家寡人。所以，这些就导致我没法去找一个工作，因为这个合作方式的基础是不存在的。我必须自己去做一些尝试，去创业，开办自己的公司。目前来讲，公司的尝试还蛮成功的，对建筑界也有一定的影响，也有很多优秀的工作成果。这是事实，但这并不是因为我会经营。我觉得假如一定要讲理由的话，就是我赶上了一个好时机，也就是在这个时机里，你不管怎么样都有事做，我们能活下来。一旦活下来了，话语权就在我这儿了。你做得再好，如果你赶不上一个好的时机，早在你被发现之前，你就已经被 pass 掉了。其实项目的好坏和成名是两码事，我们当年就是从做别人根本不愿意做或者说是非常不屑于做的项目做出来的。拿到一个项目，只要你好好去做就可以了。

也有人说，张应鹏你真有眼光，当年先去学结构，然后还做了 5 年施工，然后再学建筑，学哲学，人生规划得多好啊。其实在这个过程中，我经历了很多坎坷和磨难，而这些并不是我所愿意的，但就是这么一路走过来了。如果说我很坚持，那是对的，说有眼光是错的。我根本不知道会变成今天这样，我当初根本连能不能存活下来都不知道。只有一点我清楚，既然我做了这样的事，我就要把它做好。而且当时已经三十几岁了，建筑也学了那么多年了，机会太难得了，只要让我做，我都会做好，就是这样一个信念。还有，我总这么想，我用你的钱去盖房子，完成自己的作品，那何乐而不为呢？总是怀着感恩的心去做这件事。现在突然让人发现你做得很好，他们以为你很会经营，说你的品牌做好了。其实我觉得品牌和实业完全是两回事，别人是在经营品牌，我们不是的，我们就是想把建筑做好。到现在为止也是，我从来觉得不是在为别人而做，为别人做只是一种附加值，我是在做自己想做的事。现在我也不隐讳，我只有在为自己做的时候，我才能把它做好。

岚　但您也是经历了漫长的不被业主认可的阶段。

鹏　那当然。这个时候就要坚持。所谓的坚持其实是一个价值观的问题，就是哪怕我"死掉"，我也要坚持。而且根本不会去想如果坚持就会"死掉"，如果你去想，你就会疑惑，你就会放弃，所以我也不要去想。就像马云讲的一句话：人最难得的是坚持。实际上，人最容易的也是坚持。我觉得坚持是很正常的，要想不坚持那太困难了。

岚　就是说，放弃是需要挣扎的。

鹏　这个坚持不是来自外在的，不是说你每天起来要画十字，要对着你的项目反省一下说自己应该要坚持。我的坚持是与生俱来的。

岚　那能不能谈一下您要坚持的是哪几点？

鹏　一个是对建筑的爱好，这个坚持是针对建筑本身。到了四十以后，另一个坚持就是一种社会责任。我觉得现在有些建筑师确实是不负责任的。他们只要稍微花一点精力都会做得很好，至少要比现在做得好，但最后都不坚持。业主怎么说就怎么做，一点责任心都没有。所以我想以实际行动来做表率，当然也不止我一个人，刘家琨那一拨人也都在做这件事，所以前面还有一线希望，还有光亮。

岚　那您有没有跟业主不能沟通，然后放弃这个项目的时候？

鹏　也有。但是不光只是这个原因，也有一些其他的原因。我想人生本来就有限，所以还是做些自己喜欢的事，也没有必要去影响和改变所有的人。其实你的社会经历也好，你的坚持也好，都是一个人性的或者说世界观的问题，它还不是一个方法论的问题。

非功能空间与空间的非功能性

岚 我们也经常和大家讨论世界观和方法论的问题。

鹏 在技术层面的坚持，也就是坚持我们自己的设计方法，是在这两年里逐渐显现，逐渐清晰起来，又不断在实践中验证的。用我常讲的一句话就是非功能空间的功能性。这以前就有人提过，如今研究界越来越觉得它有道理。什么叫非功能空间呢？我们建筑界有功能空间这个概念，比如说一个工作室有会议室，一个学校有教室或者办公室，这就叫功能性空间。那么还有一种叫非功能性空间，像走道、楼梯、门厅就是这个范畴。为什么我们把它叫作非功能性空间呢？因为很多人认为那是不具备功能性的。比如要盖一个 5 万 m² 的房子，业主给你列的都是功能空间，这些非功能空间，你只要有就行了，而且越少越好，甚至可以放弃。

岚 当时您是怎样想到要去研究非功能空间呢？

鹏 我为什么来研究这个？一是我认为它有价值。就像你要一棵树，你不能只要花和果实，就把叶子都剪掉，叶子就是辅助的功能，你看着它好像没有用，其实它非常有用，可能更有用。我们再延展到建筑学上，这就是非功能空间的意义。我觉得，传统性建筑的功能空间其实和建筑设计没多大关系。比如一个教室，它做出来是让一个使用者在体验空间的话，那还学习干吗？教室就是要关注学习，这是主要的，不是体验空间。所以功能空间应该越简单越好，而非功能空间才是用来体验的。人在非功能空间是没有目的的，只有在这个时候，体验才能发生。我认为，功能空间是业主的事情，功能是动不了的，我们建筑师不能在功能上做文章，非功能空间才是建筑师最能发挥作用的地方。这是我对现代建筑的一个感知，主观上来说，非功能空间是我要表演的舞台。非功能空间它没有特定的功能，所以它可以有很多功能的，这是我赋予它的另外一个定义。确定性是没意义的，非确定性才是有意义的。它可以有很多可能性，而且这个可能性是在你放松的心态中发生的。那么我们建筑师的责任就是要把您工作中的辛苦释放出来，就是在进入工作状态之前，你是在非功能空间里经过的，工作完以后，释放心情也是在非功能空间里。非功能空间才能反映一个建筑的性格，也是反映我们建筑特点最直接的通道。它是我们建筑表达中最重要的东西。

　　另外我的理论有两个含义：非功能空间的功能性和空间的非功能性。今天房子的功能是这样，但能保证十年后还是这样么？可能在你房子没盖好时，需求就已经变了。所以说空间的非功能性就是一种兼容性。兼容性实际上来讲就是一种不确定性或者通用性。我认为重视功能是对的，唯功能主义是错的。我并不反对功能，我认为功能本身很简单。建筑要上升到形而上的"学"，靠的就是非功能。研究非功能并不是代表我不注重功能，而是我默认功能已经解决掉了。

岚 那您觉得能够体现您这个理论的代表性项目是什么？

鹏 我们从开事务所到现在，几乎每一个建筑都是按这个理论来做的。尤其是现在，我只会按自己的方法设计，但同时还能满足别人。这就是一个理论成熟的程度。比如说我们最早盖的一个房子，它要求的功能很简单，但如果就那么做，那就是一个工业建筑了。我怎么做呢？我就把它的楼梯间、卫生间全部拿出来，把走道也拿出来，这些都是原先业主不关心的，而我恰恰把它当作一个很重要的表现空间，我把功能空间都弄一块放中间，然后把非功能的拿出来，就成了这个房子的重要特征。功能空间反而成了背景，非功能空间成了表现。这是一个很成功的案例。

岚 您现在主要的项目类型还是教育性的比较多，怎么把这个理念放进去呢？

鹏 我认为中国的学校，学生的非功能性空间太少了，非功能性时间也太少了。中国校园设计现在的规范模式就是老师在这边，学生在那边，功能和流线设置都是非常清晰的，但是我在设计的时候就把它给打乱了，我让老师和学生之间必须交叉。为什么要交叉？现在的老师和同学之间太缺乏沟通了，老师在上面，学生在下面，是不平等的。空间的方位就决定了他的地位。但在非功能空间里，本来你遇到老师一直是在课堂上，你上他的课能碰到，后来他上别人的课你也能碰上，第一次碰上他，你可能打招呼，也可能不打招呼，一个人过去了，你可能比较拘谨。第二次打招呼的时候，你可能比较害羞，第三次打招呼你可能就比较轻松了。这就是两个人建立起来的关系，它跟功能没关系，你的功能是反映不出来的。我一解释，学校的投资方就说，这个空间的设计是很有道理的。建筑不是通过一个设计来满足一种功能，建筑是你通过一个设计来诱导一种行为。

中国文化积累，从自己开始

岚 您也是全球华人建筑师协会的创始会员之一，我们之前也采访过一些你们协会的成员，觉得你们有一些共同的特点，首先就是比较热情，愿意接触方方面面的人，其实跟自己是不同领域的人，具有非常开放的一个心态，还有就是大家都很注重树立中国建筑师自己的品牌。

鹏 对，中国目前经济发展比较落后，我们面对这种落后的状态就要有不同的面对方法。第一，我觉得我们自己应该有信心；第二，就是社会责任感的问题，像我一直没有用国外的牌子，甚至有业主跟我说只要你换个牌子，价钱我给你加一倍，他说你挂个牌子我好卖钱。可是我说这就是我做的，我为什么要说是别人做的。这就是自信的问题，还有就是民族自尊心，我们现在落后，但是文化是要积累的。我们再不积累，那要靠谁来做？中国文化的积累还是要靠自己努力的。自己的文化都没有继承好，你怎么可以把建筑做好？即使现在我们还没能做到，但是至少我们垫下了一块石头。

岚 你学西方哲学对于你在做的中国建筑有一定的影响？

鹏 为什么我要去学他们的东西，是因为我骨子里本来就有。想让自己变得更好，就需要去吸收一些别人的东西，就像为什么与我打交道的很多人都不是建筑师，而是学文学、学音乐、学服装设计的，这样我就可以吸取各家所长。如果在这个信息化的社会，你不去了解别人也行，但那就是天才。为什么讲是天才呢？其实世界上很多最好的艺术家都生活在封闭的环境下，为什么要封闭，因为文化的侵略性是很大的，你接触到别人，你势必会受到别人的影响，你学到的东西就是你的优势，但同样也是你的损失。现在在全球化的趋势下，你要面对这个现实，要怎么样来表达自己的文化，怎么样来维持自己的特点，有些东西上是不可放弃的。

岚 现在您的公司是一个怎样的结构？

鹏 我们主要是 3 个合伙人，都是东南大学的师兄弟。

岚 有没有分工？比如说有人负责经营？

鹏 如果说有的话，那个人就是我自己。本来公司就不大，经营就是最大的压力。但是经过几年的发展之后，很多业主都会主动来找我们，他们的意识逐渐能够和我们的理论体系

1.2.3　无锡南洋学院

达成一定的共识。我觉得这种状态是非常好的。当然，我们处在经济相对发达的地区，这可能也存在一个地域性的问题。

岚　谈到建筑的地域性问题，可能一方面是建筑本身的地域性；另外还有建筑业态的这种地域性。

鹏　对，总的来讲还是和经济发展以及人的思想观念有关。

岚　它与整个城市的文化也有很大的关系。比如我们采访余加，她之所以把工作室开在深圳，就是因为深圳相对来说包容性比较强。用一句话说，就是深圳不属于任何人，所以，它属于所有人。

鹏　就像非功能空间，就是因为它没有明确的功能，所以它有所有的功能。非功能空间是一座城市的活力或特征的最重要表现，同样非功能时间也是一个人的最璀璨的时间。这就是一脉相承的非功能空间理论。一个人的非功能时间越多，他的生活质量肯定越高。

岚　那么平时你都有哪些活动呢？

鹏　最主要的活动还是建筑设计，这是我的职业也是我的爱好。

岚　如果说经营是你的功能空间，那建筑设计是你的非功能空间了。

鹏　对，可以这么说，而且这个空间是更重要的。

岚　你真的很幸运。

鹏　是的。现在，我们事务所工作开展还没几年，一切才刚开始，但发展还算顺利，我很感谢社会，感谢它给我们这些机会。我觉得我们这一代人很幸运，恢复高考开始考大学，工作以后，国家正处在改革开放中，我们一切都赶上了。下一步就还需要自我完善，然后希望中国建筑界的地位能进一步提高，这也是我最大的愿望。

建筑设计是一种生活方式

张玮，《新建筑》2011 年第 4 期

玮：张玮
鹏：张应鹏

玮 您的教育背景比较特殊，本科学的是土木工程，硕士学的是建筑设计，博士学的是西方哲学。

鹏 这可能和我对建筑学的认知有关。我认为建筑学本身就应是一个跨领域的综合学科。

玮 这一求学经历对您设计理念的形成有怎样的影响？

鹏 我想至少有两点。首先是对建筑学传统价值观的反思与质疑。从古希腊的维特鲁威开始，建筑学的核心价值就一直是"实用、经济、美观"。但实用与经济还是技术层面的问题，美观也只是形式上的问题。不是说技术或美观对建筑学不重要，而是"建筑"之所以能上升到"学"的高度，更重要的还应该是精神层面的问题。这可能也是哲学与工程学科的最大区别吧。其次是对设计方向的选择。西方哲学从初期的本体论到后来的认识论，再进行语言学的转向，绝对真理被彻底地否定掉了，价值来源于主体的感悟，世界不存在一个终极完整的状态，而更像是由片段组成，并不断交织着。我们每个人都是盲人在摸象，但原来所假定的大象整体形象已不再强调，或根本就从未存在过。世界就是你所摸到的样子，或像把扇子，或像根绳子，或像根柱子。对我们而言，摸到的才是唯一真实的存在。学习的过程就是不断摸索的过程。这些年来我一直致力于"非功能空间"的研究与实践，这可能就是我所摸到的（建筑）世界的样子，是我的选择。它是（建筑）世界的一个片段，但是我的全部。

玮 在当代城市快速发展及大规模生产的社会背景下，您还一直强调建筑师的社会责任，这非常难得。九城都市最大的抱负是什么？关注点是什么？

鹏 谈到抱负，可能有点宏大，但最起码应该做一个有责任的建筑师。从某种意义上讲，建筑设计对我而言既不是简单的谋生手段（这只是一个必然的前提），也不是简单的工作方式（更准确地讲应该是一种生活方式），而是通过建筑设计表达我对世界的理解与思考。如果从工程技术层面来讲，建筑师所承担的社会责任是努力解决"实用、经济、美观"等基本问题的话，那么我则更倾向通过建筑表达人文的精神价值，是一种对社会、对自然、对人的生存状态的思考，这是我所关注的责任。

如果说颜色是画家的语言，文字是小说家的语言，那么空间与材料可能就是我的语言。我用空间与材料的语言反思历史、批判现实、歌颂浪漫，相比之下，功能只是一个必然的基本问题，或者说是一个媒介。

众所周知，我们现在城市建设的水平还是有很大差距，推卸责任者认为：第一，我们的经济发展水平落后；第二，我们的建筑材料不好；第三，我们的建造技术不够。

1

1 苏州科技城四号研发楼，通透的缝

记得博士毕业后（2000 年）的第一个作品就是我自己家的装修设计，一个 175m² 的顶层带阁楼公寓，包括人工费与材料费在内，总造价 5.5 万元人民币，还包括几乎所有的家具和厨卫设施。事实上一项认真的设计必然是在客观现实的前提下进行的，经济对设计水平有影响，但应该不构成绝对的关系，这就像钱的多少和生活的幸福感没有绝对关系一样；建筑材料只是一种语言，如何运用语言是表述者的能力，语言本身没有高低之分；建造技术也一样，考验的不是作为建造技术自身的高低，而是设计者将建造技术作为建筑艺术的表达能力。我们国家还处在发展的初级阶段，这种反思是有一定现实意义的。

对现实的批判在我们设计的教育建筑上表现得比较充分，尤其是中小学。我国当下教育体制所存在的问题不用多解释了，若按照常规"形式追随功能"的设计原则，功能还是应试教育，我们建筑师就和老师、家长一样沦为现行教育体制的"帮凶"。我们无法撼动某项社会体制，但在某种程度上，建筑师拥有空间建构的权利优势。于是在我们的校园设计中，一开始的设计目标就是反其道而行之，不是对现行教育体制的迎合，而是消解，从空间上打开同学们心灵的个性，鼓励自主交往、师生平等，强调快乐的自由成长。举例说明，传统的校园设计方法一定是功能优先原则，功能优先就等同于学习优先，一切以学习为目标，走道、食堂、宿舍、运动场等一切都要为学习而服务，教室怎么上课最好，食堂怎么吃饭最好，老师怎么管理学生最好，空间的组合由此而产生。我们总是反过来，先把同学们玩耍的空间或者能够偷偷玩耍的空间设计好，给他们创造各种情感与个性释放的可能。教室等学习的空间反而是后置的，满足基本功能就可以了。表面上看，这种学校和其他学校似乎也差不多，教室也能满足上课的功能，图书馆也能满足阅读的功能，食堂也能满足吃饭的功能，但由于初始的目标已不一样，这种校园的气质就完全不一样，而且是本质上的。很欣慰的是，我遇到的几位校长都非常支持我的观点，我们的设计也因此得以实现。

相反，在政府办公大楼的设计中，就没有了这种幸运。我们的政府表面上都宣称亲民、民主，行政中心往往都叫市民广场。但这种广场始终还是一衙门，空洞而封闭，超大的尺度，压倒性的气势宣称的还是一种权力与威严。好几次，我们都想把"市民广场"做成市民广场，目前还没有实现。

作为一个有着人文主义情结的建筑师，有对现实反思与批判的责任，也有对人生美好的激发与歌颂。综观音乐、绘画、小说、戏曲等各艺术门类，一样都有对现实的批判，一样都有对美好的歌颂，并且，爱情永远是最经典的话题。在我们的建筑设计里，基本使用功能的解决是设计的主要目标，但绝不是设计的主要价值。我总是试图通过建筑激发热情、歌颂浪漫。这一点在我们的大学校园设计中尤为明显。青春年少，激情飞扬，大学生活是一生中最为多彩的青春记忆。友情也好、爱情也好，永远是大学校园最亮丽的一道风景，这也是我们在大学校园设计中明确的目标指向。这里我们会通过空间创造出多种可能，在这里交往是被鼓励的，欣赏是被表达的，爱情是被诱惑的，热情是被激发的，而学习只是自然的（或者说那应该是教授的事）。

举三个简单的例子。比如说一般的大学校园设计中，考虑到食堂味道较大、又乱又脏，因此往往被搁置在一些不太重要的角落，这实际上反映了一种传统观念，吃饭只是一件必需的事，就像汽车加油一样，吃饱为的是更好的学习与工作。其实正好相反，我们学习是为了更好的生活，吃饭是生活非常重要的组成部分。我们的设计中，食堂永远放在环境最好的地方，阳光明媚、笑语欢声。这里有无线网络，这里有书刊阅读，时间也从过去的一天三次短时开放变为从早晨 6:30 到晚上 22:30 的全天候服务。我一直很喜欢食堂，这里不分班级、不分年级，这里没有严肃的老师，也没有枯燥的讲台，这里

1

1　苏州科技城 4 号研发楼东立面局部

你品尝美味佳肴的同时，还可以放松心情地欣赏每一个可能的对象。由于设计的目标不一样，结果就有着本质的区别，食堂也由此变成为一个非常综合的校园公共交往空间。第二个例子是我对运动空间的态度。在我看来运动空间不仅是用来上体育课的，也不仅是用来锻炼身体的，它一样潜藏着无数其他的可能。一般我都是把运动空间放在校园的主要公共通道旁边，让运动从目标行为变为日常行为；而且公共通道旁边一定还有宽大的滞留空间，满足观看的可能。有一次去我设计的一所学院，看到运动场上有男同学们在踢球，旁边的公共平台上有女同学们在观战，看与被看组成了一道青春的风景。第三个例子是我一直所强调的走道。如果单从功能主义出发，走道就是满足交通的，一定是越简单、越直接越好。而我们的设计中，交通只是走道最基本的功能，绝对不是其"主要"功能，因此，设计的方法就会有所区别，比如，有时做得很宽（远远超出交通的需要），有时绕行（违背着现代主义的效率原则），有时甚至多变而不确定。建筑中，空间与行为是按路径展开的，对路径的理解也直接反映着我对建筑的态度。

　　所有的这些可以说是一种责任、也可以说是一种抱负，但更贴切地讲，可能是我的一些思考，并通过我们熟悉的建筑语言和社会分享着我的思考。

玮　九城都市以苏州和上海为基地，能否谈谈您当初为什么选择苏州这个城市？您对苏州为年轻建筑师提供的设计环境有什么看法？

鹏 选择苏州可能也跟我的人文情结有关。和北京的政治气氛、上海的商业气氛相比，几千年的文化沉积养育了苏州浓厚的人文气息；苏州同时也是中国经济最发达的地区之一，为建筑师的发展提供了多样的可能；第三个优势是苏州离上海很近，国际信息与对外交往十分便利，这也就是我们 2002 年苏州公司成立后不久，2003 年就在上海设立一个平行公司的原因。上海公司侧重前期的建筑方案，苏州公司侧重于其他专业的后期配合。两边互动，也是与城市特征的一种内在契合。

玮 您对公司未来几年如何发展是否有计划？能否谈谈你们迄今为止的工作方式以及工作流程？

鹏 我们的工作方式和一般的设计院可能有些区别，或者说更像是工作室。我们现在总共有四十几个人、除去结构和设备工种，建筑师差不多二十几个，三个主要合伙人加主创建筑师，每人带一组，一个组也就不到十个人，这基本上就是一个工作室的状态。从工作流程上讲，一般大的设计院更加强调管理，用合理的管理方式管理设计流程。我们好像是反过来的，是通过项目管理公司。直接指向项目，对项目的实施肯定更加有利，当然这种方式也只有在工作室的状态下才是可能的。

经过了 9 年多的发展，应该说还是积累了一些经验。首先是检验了自己的管理能力，肯定不是个好的管理者，因此今后九城都市的发展依然不会以规模为主要导向。其次，这些年的努力也开始收获了坚持的回报，虽然我们的差距还比较大，但在项目来源以及项目类型上，比刚开始的那些年已经好多了；而且正因为这种差距的压力，我们还有发展的动力。反过来，如果我们盲目扩大规模，至少我们自己做设计的时间和机会都会减少，设计质量的下降是必然的。非常欣慰的是，几个主要合伙人在这点上都是完全一致的，况且，就建筑设计而言，做好和做大有时是没有本质的联系。

玮 在当代急速发展的社会背景下，绝大多数建筑师们不得不在短期内完成很大或很多的项目，根本没有办法对更深层次的问题进行思考，而您的作品中却体现出建筑人文方面的独特见解，您认为宽裕的时间与获得高质量的建筑是紧密相关或是完全必要的吗？

鹏 首先，好的设计一定是需要时间的，这也包括后期的建造。我们很多好的东西、好的思想都因为快速而丢掉了，米兰·昆德拉有本小说叫《慢》，他举例说，走路速度慢的时候就可能思考，而当速度不断加快后，所有的思考都会被速度"消耗"掉。但反过来讲，我们所讨论的问题必须是有前提的，只能讨论在这个前提下如何工作。所以，作为建筑师，我们要思考的不可能是如何让它慢下来，而是在这么快的前提下，如何能把设计做好。法国的埃菲尔铁塔、美国的帝国大厦也都是在当年同样快速发展的过程中建成的。今天同样的设计背景中，依然有都市实践、标准营照、大舍等公司的坚守以及张雷、王澍、刘家琨等建筑师们的认真与执着。有两点体验，一是项目尽量做少一点做好一点，说实话，当今的社会比较浮躁，机会多、诱惑也多，要学会抵抗诱惑；二是风格与手法也尽量少变化一些，认准了就不断完善它。我也经常遇到业主质疑我们九城都市的设计风格与手法缺少变化。事实上，一生能把一件事做好就很不容易了。

玮 您是如何看待建筑的发展方向？现在很多的建筑都过于关注标志性，我们是应该朝标志性建筑的方向发展还是应该做一些具有当地特征、与周边环境相互协调的建筑？

鹏 我比较反对所谓的标志性。尤其在中国，所谓的标志性，所谓 30 年不落后、50 年不落后，都只是形式上的好大喜功，带来的是形式上的稀奇古怪与体量上的盲目攀比。我认为建筑的发展方向还是应该指向形式背后的人文精神，人才是城市的主体。我们现在是本末倒置了，建筑变成了城市的主体，甚至主宰着城市。

另外，对待标志性也要正确认识。应该在功能的可能性、经济的可能性、位置的可能性上综合考虑，而且一定是少数的。当每幢建筑都在强调标志性的时候，其实就已经没有了标志性。

玮 您曾说过："城市的整体性大于建筑的个体性。"您是如何理解城市与建筑之间的关系的？

鹏 这和前面讨论的标志性是一脉相承的问题，所以我反对过多的主张标志性。建筑是城市的一个有机组成部分。每一幢建筑都应该是对城市整体性的加强与完善，过多的自我表现必然是对整体性的消解。当前中国的行政体制下，长官意志及任期制的考核方法都是对城市建设的整体性不利的。

玮 非功能空间是您设计中的一个重要"工具"，或者说特有的一种"语言"，能否解释一下什么是非功能空间？它的理论背景是什么？非功能空间是否适用于所有的建筑类型？

鹏 非功能空间是针对功能性空间所提出的空间概念。非功能空间不是没有功能的空间，而是没有具体或确定功能的空间。非功能空间弥漫于功能空间之间，是组织与协调功能空间的空间。是空间中的"虚空"，或音乐中的"寂静"。

非功能空间的理论背景至少存在于两个方面。一是建筑学层面。在形式追随功能的前提下，非功能空间被不断地挤压，甚或被彻底地忽视着。用两个现象来证明这一事实，一是所谓的得房率，这就是在现代主义前提下追求效率的目标控制，这一控制说直接一点，就是对非功能空间所占比例的控制；二是所谓形式追随功能，功能的直接反映是设计任务书，而所有的设计任务书都只有对功能空间的描述与要求，但空间一定是由功能空间与非功能空间共同组成的。

　　二是我认为非功能空间更具备空间艺术的特征与活力。这一点在现代西方哲学的价值背景中反映的就是非理性与不确定性。传统美学，包括传统建筑学（如维特鲁威的《建筑十书》）都假定着完美的终结存在——多一点不行，少一点也不行。现代美学主张的是主观体验与感知，建筑设计更多的是设计一种可能性而不是必然性，是开启一个场所而不是建造一个空间。非功能空间就因为其没有具体功能而具备了非理性的特质。在非功能空间的主张下，我认为建筑设计已不再是形式追随功能，而是形式追随非功能。这一理论对所有建筑的建筑类型都有指导意义，因为所有的建筑都必然是由功能空间与非功能空间共同组成的。

玮　非功能空间的使用率如何？人们对它的评价怎么样？

鹏　在现代社会过度强调工作效率和强度的压力下，休闲与自由已成了生命的主要价值取向。建筑有和人一样的生命特征，非功能空间是在对现代功能主义的反思中强调对人主体的激发与尊重。在当前高速发展的社会背景下，人的生活质量是和休闲自由的时间成正比；城市的生活质量是和休闲服务业（第三产业）的比重成正比；同理，建筑空间的品质是和非功能空间的比重成正比的。记得有一次一位业主对我说，应鹏的设计之所以好，是因为他浪费了我很多的空间。这既是对非功能空间的一种描述，也是对非功能空间的一个肯定，虽然用了"浪费"这个词。

玮　苏州是一个很有文化底蕴的城市，网上也能看到很多人评论您的作品具有很浓郁的苏州风格，您是怎么看待传统文化传承这个问题的？

鹏　传统文化是在相对封闭的环境下而形成各自的独特性。在信息化、网络化的全球化时代，这种问题一定也需要在这种背景下讨论。在全球化的社会背景中，我们的生活方式、工作方式都已改变，我们的建筑材料、建造技术都已发展，我们的思维方式、价值观念也在转换。建筑一定是对一个时代的真实反映，我一直比较反对做假古董，假古董其实是对真古董最大的亵渎与伤害。贝聿铭在苏州博物馆上采用的是协调的手法，哈迪德在辛辛那提美术馆上采用的是对比的手法，他们都没选择复古的做法。我主张对历史古迹与遗产应该是绝对的尊重与保护，传承应该在文化层面而不只是简单的形式上完成。但文化的传承绝不只是建筑师所能独立承担的责任，而应该是整个社会的责任，涉及宗教、伦理、哲学、文学等诸多层面，但是一个好的建筑一定能综合地反映着社会文化的各个层面。中国传统文化有两个重要特征，在价值取向上追求意境，在表现手法上注重写意。这两点在苏州园林的建筑艺术上都有充分的体现。空间不再是物理学上的限定，而是主体与客体间的相互映照，人文典故，自然花草、风声、雨声都已融于空间的体验，听松亭、清香馆、与谁同坐轩、雪香云蔚亭等。空间不是存在于空间之中，空间漂浮于空间之外而又浸入心灵之中。中国传统建筑空间确切地讲，是人文空间，是农耕文化下士大夫的田园梦想。这可能是本质上我们有别于西方的空间理想，也是我们向往的空间表达。

玮　你们的作品尝试过多种材料的有机组合，苏州科技城 7 号研发楼中将清水混凝土、（仿）

1

木格栅、玻璃三种性格迥异的材料并置；苏州实验小学中石材、陶土面砖、金属屋面"随机"组合；苏州科技城中使用金属瓦楞板……您对材料的选择有什么偏好吗？

鹏　材料也是建筑表达的一种语言，或者说只是建筑表达的一种语言。语言本身不具有意义，但语言的表述能指向意义。还是以最前面提到的我的家为例。我是用杉木做的地板，从实用主义的功能上来讲，一定是不合理的，因为杉木很软，虽然不怕水，但吸水且易损。我对建筑的理解不是追求永恒，而更注重使用中共同经历的岁月。我家果果在9个月时曾打翻了一碗汤，在一岁多的时候用烟灰缸在地上砸出很大的一个坑。也许在别人看来，汤的印渍和坑都是因为杉木材质的缺点造成的，而我却把他理解成生命的印迹。建筑于我而言一样是有生命的，是我生命的组成部分，记载着生活的温馨。我对材料不是技术层面的表达，而是基于生命的理解与感知。

玮　非常感谢您接受我们的采访，祝九城都市越办越好。

张应鹏："非"之语境

李威 ，《室内设计师》2012 年 9 月

威：李威

鹏：张应鹏

成长：意料之外，本心之内

威 我们小时候都写过《我的理想》这样的作文，您设想过自己会选择建筑这个行当，走到今天的状态吗？

鹏 以前完全没有想到现在这种状态。我觉得人生是一步一步走过的，理想也是一步一步实现的。理想应该是每一步你能力范围内最可能的目标，过于遥远就近乎空想。我从小在农村长大，回头想想还是挺可爱的，我的第一个理想是电影放映员，因为当时在乡下看电影很难，就很羡慕放电影这个职业可以经常看电影；后来上学路远，要步行很长时间，有时走不动就扒拖拉机，那时候就想以后当拖拉机手该多好。人无法预知未来，我也不愿意预知，我觉得偶然性和不确定性更有意义。过去人们倾向认为世界是确定性的，而哲学研究从本体论转移到认识论，特别是发生语言学转向以后，世界被假定为不确定的、偶然的，认知层面上的主体性开始占取上风。偶然性和不确定性带来的是另一种价值，就是"意外"。"意料之外"是美学欣赏的最高境界——原来如此。人生往往是由无数个偶然构成的，我比较期待并享受着可能性和意外的收获。

　　走上建筑这条路，有必然的因素，比如我从小就对色彩和形式有特别的偏好，很喜欢绘画，画起来可以不吃饭不去玩；玩泥巴可以做出非常像样的东西来；剪出来的花给周围很多人拿去做绣样……但更多还是偶然的因素。参加高考时我对专业完全没概念，不知道工民建和建筑学的区别，工民建招的人多就选了这个。慢慢发现同系的另一个专业建筑学才是我真正喜欢的，就努力向那个方向靠拢。正是这种兴趣与爱好伴随着我走到今天。我很庆幸我的爱好同时就是我的工作，我的工作方式也成为我的一种生活方式。

威 您学士、硕士、博士三个学位跨了三个学科，现在人们谈到这一点都觉得您很成功，但对您而言这十年修学路一定也是不断面对逆境的过程，您怎么看待这段经历？

鹏 很多人说我有眼光，学了工民建，还在工地上管过施工，又去读建筑学，再读哲学，现在全用上了，一步步都算得很准。其实我完全没有算过，也没法算，这么过来有很多偶然性。

　　1983 年拿到大学录取通知书的时候，和那时的大多数同学一样，我认为我一生的问题已经解决了，有了铁饭碗。可是后来了解了建筑学，就觉得特别想学。当年我在本科想要改学建筑学时，转专业是很困难的，只能同时学两个专业。工民建专业的老师为

1

1　苏州高博软件学院，综合教学楼之间三层的非功能空间

了对我负责，以免学建筑学课程时荒废了本专业而无法正常毕业，还要求我必须保证本专业平均分不低于 85 分，所以我四年里逼得自己很苦。87 年毕业时想再多读一年读双学位，却赶上原本一个系的两个专业分成了两个系，加上时局的原因，毕业生尽量分配到基层，我就被分到江苏工学院（现江苏大学）基建处。工作就是管工地，称沙子、查钢筋，一待五年，苦倒没什么，主要是心情比较压抑。当时同住教工宿舍的许多同学都对前途很灰心，想要回头读书，纷纷考研。在这种气氛下，加上我自己也想往建筑学的方向转，就决定加入考研大军。那时也是无知者无畏，觉得要考就考最好的学校、最好的导师，就报了东南大学建筑研究所齐康老师的研究生，居然给考取了。过后才知道，那年齐老师招四个学生，三个名额已经基本确定，很多了解情况的同学就没再报考建研所，我误打误撞的就这么考上了。所以你看，人生有多少偶然性啊。读研的第一年就很艰难，这时我才发现自己跟同学们差距太大了，所幸有一个很好的环境，除齐康老师外，还同时可以向赖聚奎、陈宗钦、王建国、段进、郑昕等老师请教，还有朱竞翔、张彤、邱立岗、华天舒等同学能一起交流。这种状态下，只要自己肯学，有感悟，就有机会。我整个建筑学的训练、专业知识的积累，主要是在这时。

1997 年，距本科毕业第十年，我去读了杭州大学（后并入浙江大学）夏基松先生的西方哲学博士。如果说考大学是解决了生存问题，读硕士是解决了职业问题，读博士就完全是基于个人追求的问题。我当时觉得空间作为一种语言，是用来描述我所认识的世界，陈述我对世界的看法，以此完成我对社会的责任义务，因此必须从哲学、社会学、宗教或民族文化等人文学科的角度去理解建筑，才可能找到建筑创作的真正出路。所谓"形而上学"，"形"不上，就永远是形；只有上升，才能成为"学"。也很巧，偶然认识一个朋友是夏基松先生的学生，知道我想读人文学科，就帮我引见了夏老师。夏老师是国内西方哲学研究的权威，人很和蔼，心态也很开放，居然愿意接受我这样跨专业的学生，我就决定报考夏老师的西方哲学博士。原本从东南大学毕业后我在苏州工业园区的设计院做首席建筑师，放弃挣钱和发展的大好时机去花钱花精力读哲学博士，所有人都认为是发疯。而且我那时积蓄不多，还要养家，说实话生活的压力很大。但就是感到仿佛内心有一种召唤，无法抗拒，无法解释，支撑着我面对各种阻碍和困难。我备考的时候那真是闭门苦读，幸运的是总成绩和单科成绩都过了。所以说，人生中有很多偶然，但如果自身不努力，所有的偶然就跟你没关系。

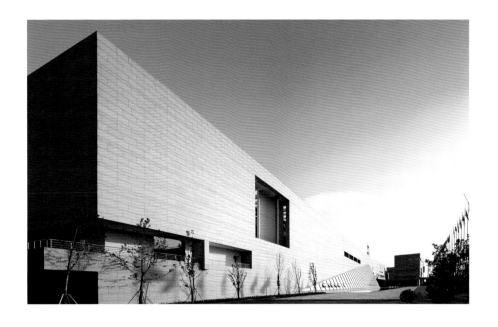

读博期间，借着论文的压力，我等于是花了三年时间潜心读书，这种有目标的阅读效率很高。因为是把 1960 年代到 2000 年的相关哲学、文学、语言学、社会学等专著同时读，就很容易从横向上对时代的研究状况与人文思考做整体上的梳理与把握，慢慢地就能建立起自己的知识体系。我们看世界的角度其实是由知识背景决定的，有什么样的认知，就决定了你用什么方法来解决问题。书读到一定程度，或者阅历增长到一定程度，人的认知能力会融通，更容易从纷杂的现象中找到问题的本质。所以后来我的博士论文就结合了哲学的非理性与空间的主体性，提出非功能空间的意义，可以说我现在的所有设计都是基于这个理论体系而完成的。

比如我们自己的办公室设计，就希望能解决现代人工作和生活二元对立的问题。人们周一想到要上班就不舒服，周末就好像鸟出樊笼，这就是由于工作生活二元分裂，工作是为了生活不得已而为之，但最后把生活挤没了。我们的空间营造就是把工作和生活合二为一，或者说把工作变成一种生活。开放性的图书馆使阅读变成休闲；图书馆、工作区、观景区的并置使读书、工作、看风景从感知上统一起来。这里既是工作的空间，又是生活的空间，甚至是休闲的空间，空间的功能是模糊的，是不确定的，或者说是非功能的。同时，空间不再是一处被简单使用的物体，"语言乃存在之家"，在我的设计中空间作为一种语言已然转化为主体。我们说看风景，那么风景是你眼中的风景吗？不，真正的风景在你自己心里。我们的空间安排中内圈是读书的、中间是工作的、外圈是看风景的。为什么？先读书，读书培养人的内心，而工作是生活的体验，二者兼具以后，风景才是真正属于你心中的风景。其实这是一个存在主义的问题。而我认为这恰恰是建筑学真正要解决的问题。从常规来讲，建筑设计好像就是画图、排功能，而哲学的背景却提供给我更多思考的角度。如果没有这个背景，可能我也有直觉，但这个直觉是飘在空中的，无法明晰化，更无法转化为空间的表达。

空间：跳出功能，回归人性

威 您就是基于这些思考而提出了"非功能空间"的理念吧？

鹏 对。现代主义认为形式追随功能，我觉得过于机械。空间的目标不应该仅限于功能。学了哲学以后，我就开始有反思，进而怀疑这种功能主义。我不是认为建筑的功能不重要，而是强调功能不应该是建筑师的主要价值呈现。一是功能关系的组织只能算工程技术的范畴，二是功能空间有其具体的使用职能：办公、开会或生产，不需要建筑师引导人们在其中的行为。真正会给建筑师舞台、让我们给使用者带来空间体验的是公共空间。这些空间活跃了，人们在其中得到了美好的体验，在功能空间中才能更有活力、有创造力地工作。比如植物有枝叶、花朵和果实，有人觉得土壤的营养就这么多，应该剪掉枝叶，好让花果更好地生长，结果枝叶没了，花果当然也不会有了。这就是功能与非功能最形象的比喻，非功能不是没有功能。我意识到了这一空间的缺失，并选择了面对，形式不再追随功能，而是形式追随非功能。传统的建筑教育中我们的泡泡图是先画分析图，把功能组织好，再用走道、楼梯把它们连接起来；我是反过来，先把我喜欢的会产生趣味、发生故事的非功能空间做到最精彩，然后把功能空间填进去，当然这个"填"还是有其自身的合理性与逻辑的。我为什么要提"非"功能空间，其实是希望有更多的人文价值在里面，承载并传递更多的信息，而不只是被简单地使用。

威　您这种观点业主能接受吗？

鹏　非功能空间并不是浪费空间。我曾经问业主，你想想自己这两年的生活状态是怎样的？他们往往会说去年太忙，很累；今年不错，出去玩了几次，很开心之类。我说那好，你看你对生活质量的评价，其实是取决于你的非工作时间的。人的非工作时间和工作时间，就好比建筑的非功能空间和功能空间。有充分的休闲和娱乐，人的精神状态才会好。我们辛劳地工作不就是为了能享受生活？同理，如今我们已经不是一穷二白，忙活了这么多年，不就是为了让自己生活得好一点吗？现在我们有余力可以谈旅游、度假了，在建筑上也不必那么紧扣功能，可以在非功能空间上多投入一些，可以由此提高空间品质，这才是生活魅力的表现。不仅是一个建筑，放大到一个城市也是如此，其城市魅力一定是跟城市公共空间的多少成正比的。杭州之所以那么吸引人，是因为有西湖。苏州工业园区之所以那么吸引人，是因为有金鸡湖、独墅湖甚至阳澄湖。对于建筑来说，非功能空间是最具活力的，因为它对功能没有定义，所以它自由、自在、自主，因为它没有具体功能，所以它可以有任何可能。

威　您能否举几个具体项目的例子来说明如何实现非功能空间的意义？

鹏　举一个未能实现的图书馆设计。我提出把图书馆做成一个公共娱乐场所。在人们的常识里图书馆是读书的地方，要安静，要私密。我就会反思有没有其他可能？以苏州图书馆为例，我们家两个博士，到苏州这么久，就去过一次，还是去讲公开课。我们要想看书，不一定必须要进图书馆，总能有渠道查到资料。我认为，城市的公共图书馆不是让我们这些所谓的博士、教授去读书的，本来该读书的人自己自有办法，如果能让那些原本沉溺于麻将桌上和游戏房里的人喜欢上它，让更多普通市民和孩子们愿意进去，那这个图书馆才是成功的。所以我的方案做得特别热闹，图书馆里还有篮球馆、咖啡馆，可以大声喧哗，可以席地而坐并面向城市开放，摒弃了图书馆原有的严肃与神圣。这个方案当然没有通过，不过十多年来我还是没放弃过实现它的想法，并已得到了部分的认可。开始业主也不接受，我就不断地给他们解释。珍本、善本书不谈，现在普通的书几十块一本，是否真有必要严藏紧盯，怕丢、怕涂画卷折？人跟书之间的距离就这样无形中隔了好几层。书坏了有什么关系？书是用来读的，不是用来藏的，被读破的时候，不也是书的价值最终实现了吗？但当书可以随便翻、随便画的时候，书跟人之间的关系就变得更亲密了。我们作为空间营造者，通过空间设计将神圣的读书行为转化为日常的生活行为甚至休闲行为，把对书的喜爱植入人们心中，而且这个植入过程还比较潜移默化、悄无声息。这才是真正的空间魅力。刚刚

1

设计完成的苏州九城都市建筑设计有限公司自己的办公室也是这种空间逻辑。

　　还有一个已实现的案例是一所学院里面的食堂。我把食堂放在学校最好的位置，这也是一个反常规的做法，一般认为食堂脏乱差、有味道，最好放在下风处。这里很重要的一点是，你对食堂是怎么理解的？我们现在的整个教育受现代功能主义的毒害太深，现代主义讲究的是两个问题：功能和效率。业主方的学院院长就认为，食堂的功能就是要吃饭嘛，要吃好，不吃好怎么读书？吃饭就像给机器加油一样，要加足了赶快来学习。那我们再来想想，学好了又为了什么？不就是为了生活得好、为了吃好饭吗？既然这样，我们何不现在就解决吃好饭的问题。食堂就放在最好的位置，并且为了把它放在最好的位置，就想办法让它价值最大化，让院长、投资商觉得这样做有道理。我就对他们说，食堂其实是一个很重要的地方，我当年在上大学就喜欢待在食堂里，因为在这个地方，你可以遇到所有你想遇到的人，这里不分专业，这里不分年级。我们设计的食堂，有开阔的场地，有明媚的阳光，学生们就会愿意更长时间地停留在这里，或者在这里举办各种活动，那这个场所也就有了更多使用的可能，从而提高着建筑的使用效率。这样，食堂就不只是一个吃饭的地方，而变成了一个交往场所，变成若干年以后大学生活最美好的回忆。只有上课、自习、听老师教训的大学生活多不可爱，而在某个好天气里，打扮得漂漂亮亮去吃饭，坐在那边等一个人，等半天没来，或突然不经意间来了，这也是大学生活最灿烂的一部分啊。

　　在这里，图书馆的读书功能被弱化的，而非读书的气氛被加强了，在这里，食堂吃饭的功能被弱化的，交往的功能被强化了；非功能成为空间的主体，并决定着空间的形式与地位。

社会：有限责任，无限可能

威
鹏　如您所说，非功能空间的理论主要源自现代西方哲学，那它与中国的本土性如何兼容？
　　非功能空间本身是讲场所的一种可能，营造的不是一个明确的目标性场所，所以与中国性并不存在不能兼容的问题。同时，非功能空间也能在中国文化中寻到渊源。中国传统美学的表达方式所强调的意境，就是指向一种可能性而不是必然性，"境生象外"是在主体的认知中完成的。中国的国画中有一种技法叫"留白"，这个"留白"，就是典型的非功能空间，如果都填满了，画面就不生动了。再看中国园林就更清楚了，园林中大多数空间都是非功能性空间，或者说其设计就是非功能空间的设计方法，绝对不是先设计房子的。房子在园林里是简单了又简单，永远就那几个模式，无非亭、台、楼、阁、廊、榭等，变化在于房子和房子之间的关系。这些关系极其复杂，不会从这个房间到那个房间就直接过去，总要有很多的水池、有很多的转折和遮挡，好不容易有个桥，还是九曲八绕的。但是，故事就在复杂中展开，魅力也在复杂中产生，如果没有这么复杂，就没有这么多可能。有了时间、有了距离，体验的可能性就会发生。所以我们就是设计这种可能性，把这个可能性做到最大，这也算是典型的中国式设计方法吧。

威 那么您认为设计师有引导社会行为的责任吗？

鹏 我想建筑师至少有两个层面责任，一是呈现自己，呈现出自己对理想生活方式或存在方式的理解与看法；然后再将这种理解与看法用空间的方式呈现出来，与社会分享和沟通。有时候我甚至认为建筑师在某种程度上有点像医生，我们对城市与空间进行着诊治与疏导，从而创造一个健康的场所，营造健康的生活状态。

就像前面说到的食堂，我们把它放在一个阳光明媚的场地上，然后我就跟院长说，食堂的桌子和桌子之间不能放一个书架、杂志架吗？无线网络接过来，同学们就能背着电脑来了。学生在食堂里实习开店，卖奶茶、可乐，就提供了一个职业训练的空间……最终这个食堂就不只是食堂了。我们很多时候过于被常规功能所限制，不会去反问。这不应该是建筑师的状态。建筑的魅力，是可以通过空间诱导行为，搭一个舞台，让故事发生。一个好的建筑师应该能够发现很多生活中已经存在的但别人没注意到的东西，然后用一个大家都熟悉的语言表达出来，让大家认识到这个世界更多的美好，这才是我们的责任。

这些年我们也设计了很多学校。我们的教育制度的不合理已是公认的事实，如果按照所谓的形式追随功能的话，我无疑成了我们教育体制的帮凶。所以我就以非功能空间的设计手法对教育体制的不合理进行最大程度的消解，以解放孩子们的活力与天性，这也是我们的责任。

威 也就是给了别人一种通过空间来改变生活方式的可能性。

鹏 对。当然，没有一个空间是能够迎合所有人的，我们只是解决部分问题。我们知道盲人摸象的故事，但我觉得它从某种程度上讲描述了人们对世界的真正看法，诠释了现实中

1

1 苏州科技城 7 号研发楼

人们对世界的认知方式。没有对或错，正是不同的片段组成了我们这个世界，所以世界才那么多彩。我只摸到这一点，摸到了功能空间之外的非功能空间，就把这一点呈现出来，做到最好，给这个世界一个补充，就可以了。

人生：因为感恩，所以激情

威 我们来谈谈您的生活状态吧，您怎么分配生活中的"功能"与"非功能"环节？

鹏 我工作和生活不是分得很开，在家想起工作上的事情就会随手做起来，有时候抱着孩子边看电视边在孩子背上画图。有些人可能下班就不谈工作，但我没觉得有影响。我喜欢设计，哪怕没多少利润的小项目，还是很认真地去做。公司一直也没有太扩大，而且也认为建筑设计做强跟做大似乎没有什么关系，所以，经营上的精力相对少一点，平常应酬也不多。客户来找我们，基本是先行认同了我们的价值观，是带有预期来的，也不太需要太拉关系。

威 那设计之外您就没有什么别的嗜好？

鹏 说欣慰也很欣慰，说不欣慰也算不欣慰，我最大的爱好还就是画图，可能是骨子里的爱好。很多业主，甚至一些领导，因为合作项目比较多了，看我每天沉迷画图都同情得很，觉得我不会"玩"，工作太辛苦了……实际上，我最放松的时候就是周末在办公室画图，没有电话，没有会议，我特别享受那个画图的过程，完全沉浸在自己的世界里，注意力极度集中以后一口气把问题解决，那种释放的感觉，是很惬意的。

　　有一本书叫《游戏的人》，研究游戏在人类进化和文化发展中的重要作用，就提出世界就是游戏的。不是那些电玩、做游戏之类才叫游戏，人生也是个游戏，比如我们做设计，就是一个游戏，如果你把它当成工作，被动地去做，那你就很辛苦了。别人都在唱歌、看电影、打麻将，我怎么在这画图呢？那就麻烦了。但如果你本身也在享受这个游戏过程，工作就跟游戏、娱乐融合了。我自己的生活状态就是如此吧。

威 所以您才能这样一直很有激情地工作？那么您对未来是怎么规划的？

鹏 动力也来自我能清楚地看到我们的差距，而这个差距，我好像还有力量去一步一步地接近。我觉得我们现在的主要问题是设计的思路还是有的，但设计的表达还不够清晰，而且方向还是有点散，要往回收。公司开了十年了，下一个十年我认为不是公司的规模做到多大、完成多少产值，而是希望怎么能努力地把每一个设计做得更好，把自己的方向继续稳定，不断完善，能够清晰地表达自己，那就算进步了。我也很期待其他的建筑师、设计事务都能够找到自己独特的语言体系，能把自己的语言讲清楚，世界的丰富，是靠不同的人讲的。

威 我们开头谈了理想，那么现在的生活状态对您来说是理想的吗？

鹏 我现在对生活充满了感激，因为我能够做自己喜欢的事，基本生活肯定没问题，应该还算好的，所以我始终抱着一种感恩的心态在做事。我经历过那种消极的状态，熬过来了，发现只有积极面对，才能看到希望。幸福本身是自己认为的，不幸也是自己认为的，你觉得不幸福，可能是因为你对世界了解得太少了。我总建议年轻人多读书、多去历练、多交朋友。经历和朋友能让人增长见识，而阅读能让人代入地体验没有经历过的生活，从中丰满自己的阅历。人的一生，有生也有死，如果这么去想，生命的意义在哪里？我觉得是在于生死之间怎么样去活得灿烂，而且要把这份灿烂传递给身边的每一个人。生活真的是这样，你给它越多，它回报你的也越多。

非功能空间的意义

李莉 ，《中国建筑设计行业网》2019 年 11 月

莉：李莉
鹏：张应鹏

莉 作为一个学哲学的建筑师，特别希望张老师先谈一下您的学习经历和工作历程？

鹏 我的学习经历表面看起来挺丰富的，先后读了三个不同的专业，但事实上真是"一波三折"。1983 年我考入合肥工业大学土木工程专业，能够从安徽农村到省城读书还是非常满足的，但是却忍不住觊觎隔壁班的专业，觉得建筑学专业更有意思。很感谢建筑学专业的老师和同学们收留了我，在本科期间也算是旁听了几门建筑学的专业课。本科毕业的专业是土木工程，但是对建筑学更感兴趣，工作五年之后我报考了建筑学专业的研究生。现在回想起来当时真是无知者无畏，一定要报考"最好学校的最好专业的最好导师"，雄心勃勃地报考了东南大学建研所。以最后一名勉强挤进录取名单，就这样成了"最好学校的最好专业的最好导师"莫名其妙录取了的一名专业基础最差的学生。其实，在报考和录取时我压根都没有意识到自己的专业基础很薄弱。在建研所读硕士的两年半，我经历了踌躇满志、当头一棒、迎头赶上，然后还没赶上就毕业了。所以，直到现在，还在默默追赶当年的同门师友。硕士期间，除了导师齐康先生，还得到了赖聚奎、陈宗钦、王建国、郑昕等老师的指导，张彤、朱竞翔、邱立岗等同门的帮助，甚至连已经毕业了的师兄孟建民和王澍的影响也都还在，至今还是非常怀念建研所严谨务实的学风，甚至觉得建研所的氛围和"气质"对我的影响比当年学的专业知识更重要。硕士毕

业后，终于有时间读读闲书了，又因为在苏州工作，便自然而然地开始听听昆曲和评弹。建筑之外的事情做得多了，越发觉得建筑的手法固然重要，但方法更重要。于是，1997年就报考了浙江大学西方哲学专业夏基松教授的博士。由于同时报考的另一位"后来的师弟"英语科目成绩没有上线，我再一次意外地考上了，成了一个学哲学的建筑师。博士期间，我提出建筑的非功能空间的概念，回想看来，我的整个求学经历就是一个"非功能"建筑学专业：学了建筑之外的专业，读了建筑之外的书，做了很多跟建筑没那么直接相关的事情，但这些"非建筑"的阅读和经历对我今天从事建筑设计都是具有不容忽视的"非功能"意义。

相比较颇具"非功能"特色的求学经历，我的工作经历就显得"功能"多了。1995年，从东南大学建筑研究所毕业，我就来到刚刚成立的苏州工业园建筑设计院就职，担任首席建筑师。2000年从浙江大学毕业之际，原打算是留校的，为此还在浙江大学建筑系带了"迅达杯"大学生设计竞赛。后来临毕业时掂量了一下，觉得当时去教书自己内存还有点不够，也就只能继续走职业建筑师这条路了。离开浙大之后，得知指导的学生获得了竞赛的全国二等奖，又申请到了 MIT 的硕士继续深造，甚觉欣慰。或许就是那一刻让我感受到建筑作品之外的另一种价值感。回到苏州之后，就磕磕绊绊地开始了创业历程，从 2002 年九城都市正式成立，至今也 17 年了。

莉　您在什么情况下创立的九城都市？九城都市是一家什么样的设计企业？它的核心是什么？
鹏　2002 年，我带着几个实习生和刚毕业的大学生，年轻气盛却没什么底气地开始了自己的创业路程。公司的办公地点还是从朋友那里租借来的居民楼顶层的一套住宅，狭小拥挤，窗外就是干将路，很热闹。17 年之后，坐在宽敞明亮的办公室里，窗外是独墅湖的碧波荡漾，很安静。回顾看来，感慨颇多，也深感幸运，赶上了经济发展增速迅猛的好时机。20 世纪 90 年代正是建筑师的黄金时代，又处在外向型经济活力蓬发的苏州，项目还是很多的。当年的困难主要是来自内因，一方面是个人的创作能力和管理能力还不成熟，另一方面设计团队和管理团队都在调整和磨合时期。在起步阶段，项目来源的压力还是有的。不是说没有项目，而是说如何让业主放心地把项目交给我。当时的想法是，有项目就做，要做就做到极致。图纸完成之后，我几乎天天跑工地，这时候本科土木专业背景和本科毕业的施工工作经验都发挥了关键的"非功能"意义，直接影响到作品的完成度。最后，施工方和业主都被我磨得受不了了，委婉地劝我不要一直去了。甚至有些时候我想再完善一点，业主都觉得我太"挑剔"了，而出于工期考虑说现在的设计他们已经比较满意了。可能是这种"非利益"性的经营慢慢赢得了业主的信任和社会的认可。公司不以利益为目标，反而一步步扎实地生长起来了，初创时期项目来源困难的局面也就自然而然地化解了。这种对设计的热情和对作品的坚持，也就慢慢地成了九城的特点，或者说理念吧！

莉 在建筑市场激烈的环境竞争中，九城都市每年都能保持设计出优秀的建筑作品，而且获得很多行业荣誉奖项，也请您谈一下九城都市的创作理念，九城都市又是如何把握项目创作的高品质的？

鹏 自己谈自己其实挺难，我一直觉得自己是个随和且随遇而安的人，可是在同事们的眼里肯定是个较真固执的人，摩羯座嘛，可能就是天生的完美主义者。这个话题说得虚一点，有可能正是这种"较真"成就了今天的九城，但也有可能是这种"较真"限制了九城的快速发展。说得实在点，今天九城的设计作品其实更多的来自几个志同道合的建筑师专注于做自己感兴趣的事情所自然而然地呈现出来的状态。我的业主都知道找到九城做设计他们最不需要的就是担心设计师不尽力，反而他们常常会为设计师太过坚持而苦恼。这样不计成本的经营起初很艰难，作品优先于收益的经营理念也无法得到充分认同，公司的合作伙伴也是几经更迭，最艰难的时候，我身边只剩下了一个助手。但是也是因为这种坚持做精品而不是做产品的初衷，让我的师弟于雷和陈泳加入了九城，也正是由于他们和其他几个主要建筑师的加入，九城才是今天的九城。正是因为共同的坚持，九城的作品通常完成度较高，重视施工现场的控制，甚至经常是完工后比效果图更出彩。也是因为这种坚持，九城至今没怎么扩张，上海和苏州两个分部，作为一个甲级资质的设计公司全部人员加起来至今也就八十人左右，苏州办公室有 2400m²，面朝湖水，来参观过的人都觉得我们这点人用这么大的办公空间，太奢侈了，但我就特别喜欢留白之后具有"非功能"意义的阅读和交往空间。从经营效率和企业发展来看，九城很愚拙，但是，不去扩张也就没有太大的经营压力，我们还挺享受目前这种自得其乐的状态。

莉 前边谈过您本科是土木工程专业，硕士学的是建筑设计，但博士却读了西方哲学专业，这样的一个特殊的学习经历，对您现在的工作和创作有什么影响？

鹏 确实，我的求学经历显得有些独特，事后想来，我总是不由自主地为自己当初的选择去找一些理由，从而显得当时还是很明智很有想法的。但不得不承认，在选择的那个时刻，起决定作用的更多是自己也说不清楚的冲动。作为一个乡村少年在本科选择工民建专业时其实根本不知道要学什么，只是从字面上来理解是要学习建房子的，但是在本科期间

2
1

1 苏州九城都市建筑设计有限公司，办公室窗外的湖景

2 2017 年和导师夏基松（前排）一起合影，后排右起：沈斐凤（师母）、庞学铨、孙周兴、倪梁康、张应鹏

发现自己的兴趣在于设计而不是计算，自学无果就在硕士阶段毅然决然地决定转读建筑设计。本科毕业解决了生存问题，硕士毕业解决了职业选择的问题，按道理是应该踏踏实实做一个自己向往已久的建筑师了。可是在一个不愁项目的设计院，也不为生计发愁了，反而就忍不住去琢磨空间本体性这类很玄的问题。想来想去，为了能够平息这种来自内心的这种闲来无事所滋生的追问，也唯有去哲学中寻找答案了。

在博士学习期间，和硕士期间一样，除了导师夏基松先生的直接指导之外，同门在读的师兄弟以及已经毕业的倪梁康、孙周兴、庞学铨等都是我学习的榜样。受现代主义哲学人本主义转向之后的不确定性和非理性等学术思潮的影响，针对现代主义建筑"形式追随功能"的传统建筑观念，我提出"非功能空间"的概念。我写了一篇文章探讨"非功能空间的意义"，发表在《建筑师》1999 年第 12 期，强调非功能空间既不是建构也不是解构，而是一种"腾空"的状态及其价值，强调功能空间让位之后，非功能空间中的事件和故事发生的随机性和偶然性。我认为，这种空间及其语境的不确定性和非理性是空间的活力所在。没有用的空间更有意思，可以说我这么多年的设计一直在寻味这些看似没有用的空间的趣味性和可能性。结合 6 个设计案例，2013 年我又写了一篇文章《空间的非功能性》，再次发表在《建筑师》杂志。空间的非功能性在本质上还是关于空间的功能性问题，只是转向了对功能的追问和反思，或者说，转向了功能之外空间之中的心理学、社会学、文学和哲学的问题。我更倾向空间不要过于理性，可以轻松一点、可爱一点，甚至幽默一点。两篇文章分别得到时任主编王明贤老师和黄居正老师的鼓励和认可，这也就成了我继续沿着这个方向去思考和实践的信心。跨学科背景的学习和阅读让我越来越明确自己的设计思想，专注研究非功能空间在建筑创作中的价值与方法，同时，在近些年思考得更多的则是如何在非理性与不确定性的哲学层面上实现建筑艺术的人文价值和社会责任。

莉 作为九城都市的总建筑师，平时的工作也比较多，您既做企业管理又要带团队做项目，您平时的工作是怎样安排的？

鹏 我目前在九城只有总建筑师的身份，平时在公司的工作就是画图做方案、带项目跑工地，同时作为东南大学建筑学院的岗位教授每周给研究生上设计课。工作内容很纯粹，工作之余的活动也很纯粹，听听昆曲看看书，而且近年来看得越来越多的是建筑之外的"非

1　苏州太湖新城规划展示馆

功能"的书。我特别感谢九城的管理团队，分担了我不擅长的管理工作，并且做得特别好。正是有管理团队的保障，我才能这么心闲气定地专心画图，轻松听昆曲，过着简单而美好的生活。

莉 列举 2～3 个您比较经典的项目案例？

鹏 1）与游戏交织的教育空间——杭师大附属湖州鹤和小学

杭师大学附属湖州鹤和小学位于湖州市太湖旅游度假区震泽路西侧。建制为 8 轨 48 班，总建筑面积 3.17 万 m²，其中地上 2.9 万 m²，地下 0.27 万 m²。建筑共 4 层、立面三段式，三、四层为一围合的整体，二层是过渡层，底层为基座。与之相对应，三、四层主要为普通教学空间，二层相对综合，底层除部分素质教育功能外，大多为开放的"非功能空间"。这种空间的组合在立体上建构了一个同时具有广场尺度与庭院尺度、同时具有地面活动与屋顶活动，室内与室外、上部与下部相互交织彼此并存的空间关联，"鼓励偶然交流"并强调"空间的适应性与可塑性"。在当下相对严肃的应试教育环境下，为孩子们创造了一个相对活泼的、健康快乐的成长空间。

2）与文化交织的工业空间——华能苏州燃机热电厂

华能苏州燃机热电厂是华能集团在苏州投放的第一座燃气热电厂，位于苏州高新技术开发区，横山南侧苏福路高架旁，占地约 6hm²。整体设计由江苏省电力设计院和我们九城都市建筑设计有限公司共同协作完成，其中江苏省电力设计院负责总图设计、生产工艺流程设计以及生产区具有生产工艺要求的生产厂房与设备设施的设计，我们负责厂前区（行政办公）、生产区内非生产工艺要求的建构筑物以及所有生产厂房与生产设施的建筑形式与立面风格的设计与配合。设计中没有回避或隐藏工业生产的流程或设备设施，而是经过合理的流线组织与布局，将日常生产与科普教育相结合，将企业文化与社会传播相结合，让生产流程与设备设施转变为工业文化与机器美学的艺术呈现，在保障安全管理与生产的同时对公众开放，探索了作为发电厂类工业建筑在文化、空间与形式上的新的可能。

3）与日常交织的纪念空间——浙江湖州梁希纪念馆

梁希纪念馆项目位于湖州市南郊片区，104 国道东北侧，湖州梁希国家森林公园入口区。总建筑面积 3972.9m²，建筑占地面积 3207.8m²，建筑延展外部景观区面积 1022.1m²。建筑设计为地下一层地上两层，有意控制的建筑高度与分散布局的建筑体量强调建筑与山体形态的自然关系；内外空间的相互渗透，强调漫游与展陈融为一体的空间体验，让整个纪念馆形成一个亲切而开放性的精神场所。

4）与世俗交织的宗教空间——苏州相城基督教堂

项目位于相城区阳澄湖西路西端，虎丘湿地公园入口处。简洁的外部几何形体具有极强的雕塑感，从周围世俗空间中突出了宗教建筑的肃穆性，又通过开放的游走路径将周围公园的公共活动编织其中，精心组织的内部"天光"弥漫在通高的中庭和大礼拜堂的屋顶之上，宗教活动应有的神圣性与日常行为的亲切感在空间的展开中彼此照应、互为补充，诠释了设计在尊重传统教堂空间体验的同时对日常生活的肯定。

莉 什么样的建筑是中国的好建筑？这个问题，行业内的很多建筑师都有不同的己见，您认为什么样的建筑才是中国的好建筑？

鹏 正如我喜欢非功能空间的不确定性，我并不认为建筑的好与不好有一个确定的标准。我自己对于建筑观念的转变有三个阶段。最初的阶段，我认为完成业主的委托和项目要求，做出让业主满意的作品就是好的作品。那时候，我自认服务意识很强，业主为导向的意识也很积极，当然，也深得业主信任和厚爱。做着做着，随着作品一个个建成，我就忍不住有点膨胀了，或者说，自我表达意识增强了。我认为任何建筑都是主观的，好的作品首先是一种自我表达，传递着建筑师对生活的理解和看法。确切地说，应该是九城步入稳定期之后，更多的作品得到社会的认同，我也时不时要去参加各种学术会议做一些讲座。这样，也就不可避免地停下来总结和反思，突然意识到，这些年我已经慢慢由关注我的作品"好不好看"、"有没有意思"转而思考空间的社会意义了。一个建筑师如何在力所能及的前提下，为处于社会最基层的人们创造尽可能公平的生活空间，这是我目前最关心的问题。好的建筑不仅要解决功能的问题，还要解决人的问题；好的建筑设计有诗意性，更要有人文性，要承担社会责任感。我现在主要工作在苏州，自古就是崇文之地，城市中最好的地块并没有用于商业开发，而是作为公共空间，这种大气、对文化的关怀、对城市公共性的支持，都是很有价值的。这种价值的支撑体系至少来自两个方面：一是地方经济的发展水平，二是可能与文化的传承，与骨子里的人文情结有关。我很幸运能够在这里生活和工作，也会继续在设计中关注空间的社会责任。

莉 请张总谈一下对于九城都市未来的定位和发展方向？

鹏 对于这个问题，我的想法其实是有些悖谬。我觉得九城都市未来的发展可能恰恰是"不发展"。在经济增速时期，九城都市也没有扩张和实现体量上的发展，在现阶段，依然还是维持现有规模，力求在作品上进一步提升。九城都市的定位从来都不是市场导向型的，目前我们的项目来源基本上都是老客户之间的推荐和介绍。我们很珍惜这份信任和欣赏，也会以我们特有的较真和自我追求去确保项目的完成度。同时，九城都市还继续保持现有的研究型特点并积极参与专业建筑院校的教学之中。陈泳博士作为九城都市的主要合伙人同时也是同济大学的教授，我从 2017 年开始在东南大学给研究生上建筑设计课，于雷博士也在同济大学兼教建筑设计。这些公司本职功能性之外的"非功能性"工作，让我们时刻保持着教学互长的创作活力，也是九城都市的人文性和社会责任感的体现。

遗忘空间，还生活以本真

沈思　王畅，《建筑创作》2020 年第 3 期

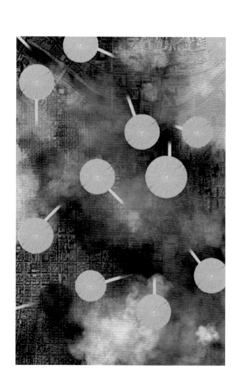

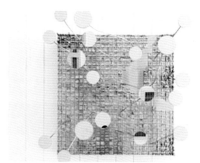

思：沈思
鹏：张应鹏

让屋顶重新回到城市中，回到日常生活里

思 在当下的建筑设计中，对屋顶的关注似乎非常少，对于"第五立面"的讨论也久久未有
定论。您所提出的"屋顶上的城市"这一课题由何而来？在过程中又有着怎样的思考？

鹏 首先要纠正一个概念，我不认为"屋顶"或者这次的课题是在讨论"第五立面"。立面
只是一个视觉形式，它关心的是开窗的形式、材料的形式以及图形的比例尺度，而不指
向与人的行为和心理之间的关系。"屋顶上的城市"是一个更宏大的理想，是未来城市
生活的一种新状态，它甚至都不是一个简单的屋顶景观绿化。

今天我把这个课题当成严肃的教学题目和日常实践，其实最早是来自我读大学的时
候看到的日本《新建筑》杂志举办的竞赛的一个获奖作品，叫《三人茶室》，其中一张
鸟瞰图只画了一幢摩天大楼的屋顶，屋顶中间只有一张榻榻米、一张桌子和两个茶杯，
天空中有一轮明月，没有任何其他的建筑，非常有东方文化中"境生象外"的意味，我
可以由这幅画想象到"举杯邀明月，对影成三人"的场景。这个作品影响了我今天很多
的思考方式，对我启发很大。建筑学的探讨不一定只能围绕一个物理的空间形态，也可
以指向心灵的某种感悟。我今天所提出的"屋顶上的城市"可能在那个时候就埋下了种
子，而真正对这一问题的探讨可能涉及多个层面。

首先，是对当下屋顶被遗忘的现实状态的思考。相信每个人都有这样的体验，当我
们站在一个高层建筑上，会下意识地打开窗户去看外面的景色，因为大家默认高层建筑
视野很好。但实际上看到的几乎全是"城市垃圾"，现代主义建筑的屋顶是被忽略的地
方，上面只有建筑废料、积水、排水和通风设备，屋顶带来的视觉感受并不美好。

其次，是指向未来科技发展的一种可能。今天的社会不断发展，建筑的屋顶处于这
样一种消极的被遗忘甚至被否定的状态，我想换一个方式来对它进行肯定。过去人们都
在地面上走，现在地下交通已经解决了，未来空中的运输系统或许也可以实现。最早对
于课程的想法是让十几个学生任意挑选校园中的十几栋建筑而不只是建筑系馆一个，最
后十几个屋顶形成一个系统，人们不是必须从门厅进来再上到屋顶，而是在整个城市的
屋顶上建构另外一个世界。

再有，是对人们向往天空的一种回应。去年（2019年）我参加了"未知城市：中国当代建筑装置影像展"。我的参展作品叫"城池"。假定我们现在生活的世界只有简单的三层：上面是天，下面是地，中间是空气层。而现在，一层浓重的雾霾掩盖了天空，人们浸没在城市这个巨大的池塘里。我的设想是将城市中累积多年的"垃圾"（糟糕的城市环境）转化为"营养"，滋养着建筑从城市里生长出来，穿越雾霾，重新捕捉天空，人们从此也生活在空中。

　　近几十年，城市经历着经济的飞速发展，也承受着环境的急剧恶化。城市居民在雾霾、噪声、尾气的裹挟下，麻木而又无奈地日复一日为生活奔忙。为何不在天上另建一座城池，带着人类逃出生天？田田莲叶以旧城市为土壤，穿越污染的大气，摇曳升空，在空中建立起未来城市的新秩序。"莲，出淤泥而不染。"一片片飘摇的莲叶，代表了我们对于城市的态度——将来城市去向何方我们未知，但是我们充满希望。

　　这其中隐含着中国传统农耕文明和山水文明中的避世文化，也就是对现实生活的逃离。"回避现实"并不是一个贬义词，而是一种短暂逃离寻找自我的过程，就像去到海边度假，或者去到另一个城市旅游一样，我们也可以到屋顶上去暂时回避一下日常生活。在另一个层面上，"逃离"也可以叫"批判"，批判科技的发展进步对生存空间的毁坏。但这种批判绝对不是一个消极的过程，由此产生的一种回归天空的浪漫主义想法，指向的反而是一个积极的未来。

思　从建筑起源开始，屋顶就是必需的，后来不管是东方还是西方建筑也都非常重视屋顶形象的塑造。从前对屋顶的强调和如今重新唤起对屋顶的重视，区别在于什么？

鹏　回顾建筑的过去，从功能角度来讲，避雨比遮风还要重要，所以建筑从一开始就要有屋顶，而从形式角度来讲，屋顶始终占据着建筑形式中非常重要的一部分。以中国古建筑为例：单体建筑的屋顶做法多，有各种脊、檐、瓦片和飞鸟走兽，倾注了工匠大量的精力和心血；整座城市的天际线，连绵起伏，勾勒出城市轮廓。但无论是单体建筑还是城市轮廓，它们跟天空的关系都是视觉上的关系，而不是与人的行为之间的关系。

过去城市的屋顶

现在城市的屋顶

未来城市的屋顶

反观我们今天提出的"屋顶上的城市"，其实是与人的日常生活相关，它在试图重新建构和组织人的生活方式，重新建立人和天空、人和人、人和大地之间的关系，这是这个题目更深层次的思考。

思　在您的理解中，人与天空的关系在过去和现在分别是怎样的？关系的转变是不是屋顶不再受到重视的原因？

鹏　过去人跟天的关系是，神在天上，人只能向上仰望并不断接近；后来现代主义把神"击碎"了，人变成了世界的主人，日常生活变得极为重要。现代主义的背后隐含着功能主义，功能主义又隐含着实用主义。技术的发展使得屋顶不再依靠坡度来解决防水等问题，同时也带来了维度的转换。当年的人们是用较为平面的视角去看这个城市的，而如今楼越盖越高，技术非但没有给予屋顶自由和丰富，反而使其消失于我们的城市视线，也就不再受到重视了。

基于我前面的所有思考，我希望让屋顶重新回到城市空间里来。屋顶不应该被遗忘，应该还它一个名正言顺的身份，使其为城市提供更活跃的场所和人与自然之间更积极的空间。

思　如果要重新建立人与天空的关系，近二十年间如火如荼的高度竞赛应该算是最直接的方式，那些摩天大楼很快速地满足了人对天空触手可及的愿望，这与"屋顶上的城市"有哪些本质上的区别？

鹏　现在大部分的超高层其实都没能跟天空建立联系，它们只解决两个问题：第一是比较谁更高，以此彰显技术和财富；第二是让上面的人往下看，刚才我们已经讨论过，俯瞰的风景并不好。而"屋顶上的城市"不是这两者中的任何一个。首先它不比较高度，5 层的顶上可以有，100 层的顶上也可以有；其次它也不是让人往下看的。当然，如果将来这一设想成真了，那时人们的感受就会像登山一样，大山小山都很好看，但我更想强调的是屋顶与屋顶之间的生活联系。

思 您期望实现的生活联系与当下的城市生活有何不同？

鹏 柯布西耶提出现代城市四大功能：居住、工作、游憩、交通，而我所研究的是功能之间的非功能性空间和非功能性行为，是从生活到工作和学习的过程，这比目的更重要。因为在这个过程中我可以发呆、偶遇、邂逅、闲逛……这才是城市生活真正的活力。如今这一过程多被"排挤"到电梯和人行便道上，可惜电梯和人行便道并不能促进人和人之间关系的发生。

思 已建成的项目中是否有契合您这一设想的实例？

鹏 摩西·萨夫迪设计的新加坡滨海湾金沙酒店，是跟这一课题最为契合的案例，它称得上是"屋顶上的城市"。金沙酒店在三栋塔楼顶端相连，不是单纯的屋顶花园或者景观设计，而是在形成了 340m 长的巨大空中花园之余，还提供了餐饮、购物、泳池休闲等一系列的业态，创造了独属于天空的空间体验。另外一个是丹麦裔冰岛艺术家奥拉维尔·埃利亚松（Olafur Eliasson）设计的"你的彩虹"全景环行走道（Your Rainbow Panorama），它的定义来源于但丁的《神曲》，在试图重新建立人和神关联这一方面，与我们的课题有一定的相关性。

思 基于丰富的实践经验，您认为在当下推进这一课题面临着哪些障碍？

鹏 目前来讲，更多的障碍来自观念或者思维，而不是技术和认可度。技术上的问题很好解决，当我告诉你空调外机从此不能放在屋顶上了，你也一定能找到地方放下去，说不定还更好玩。认可度的问题则更容易，尤其在中国，自古以来靠天吃饭的农耕文明使得人们对天空的依赖很大，在我的既有实践中，很多业主已经把屋顶当成最重要的空间了，因为那里更私密、更能够自由地与世界接触。

为什么说是思维上的问题呢？一直以来，即便设计师不给他做屋顶的空间设计，他也会认为是理所当然的，这就是形成的某种思维定式。我们的教学以及同行之间相互的探讨和激励，最大的价值就是突破思维定式。总是在问什么是可能的，或者总是在问这个是不是错的，这才是我们要去努力的方向。

用个性找寻共鸣，是艺术的最高价值

思 最后将场地限定在建筑系馆，虽然是同学们最熟悉的地方，但是否也使得他们更多地从个人角度出发，导致思考问题过于片面？您是如何在课程上加以引导的？同学们有哪些意想不到的想法？

鹏 我不认为个人的就是片面的，同学们的表现比我想象的要好得多。把场地限定在系馆屋顶，反而可能是一个最佳选择，同学们都很熟悉这里，所以更能从自身的感受出发。建

1　与天空有关的意向

筑不只是一个物理空间，它还能够唤醒你的身体感官，激活你的大脑思考，打开心灵的窗口。课程中，同学们讨论最多的是"我在这里的三年，我哪儿不舒服，我最想干什么？"这个问题很个人，而我恰恰认为建筑学或者所有的艺术，都是个人的艺术。建筑师帮别人做一个设计，通常会通过详尽的调研，努力做到对公众的某种需求的回应。但其实这些都是建筑师的假定，即便是最大程度的设身处地，也不及自身的感受来得真实。艺术本身真正的价值是什么？是你自己有没有与众不同的东西。所以我不排斥个人想法，反而鼓励同学们提出自己的想法，因为那个才是最本真的。

我组里的这些同学很可爱，有各种不同的激烈的、奇怪的想法。比如有一个同学，他去过一个很幽暗的酒吧，他特别喜欢那种氛围，所以他设计了很多黑屋子。一开始我不理解，因为依照我的经验，明亮开敞的空间才是好的。但每个人的感受都不一样，所以我说没问题。另一个同学，她很浪漫，喜欢风和雪，但是现在都只能在教室里透过窗户去看。所以她希望能在屋顶上看到雪花飘落下来，听到雨水顺着屋檐一滴一滴流淌下来。还有同学专门设计了一个窄缝去看西边的落日。也有同学说他很害怕屋顶，所以特意做了很高的扶手和栏杆……类似这样的一些个人的体验，恰恰是建筑学最本质的问题。

建筑学是什么？是将你对生活的观察、对生命的体验，通过空间转化出来，与人共享。这个世界上很少有人与所有的人都不一样，再有个性的艺术家、作家也会有观众和读者。用个性去跟其他人产生共鸣，是艺术的最高价值。

思　如果回到 30 年前您在上大学的时候，面对当时的环境和这样一个课题，您会做一个怎样的设计？

鹏　虽然我 30 年前的思考不会像 30 年后这么多元，但是有一点肯定的，如果我去做，我会把屋顶完全开放，不仅仅对系馆内部开放，而是对整个校园开放。

建筑系的教学是最可爱的，因为它是一门公共艺术学科。建筑系的学生去到生物实验室可能什么也看不懂，但是生物系的学生到建筑系来看展览，我相信他一定能看得懂，或者至少能用他的眼光去看。建筑系应该在校园里承担起传播公共文化与艺术的责任。这一点其实是从我个人出发的，我本科不是学建筑学的，进不去建筑系馆，进去了也是偷偷摸摸的，所以我很期待能让所有的人都自由穿越、共同分享我们的空间。建筑系馆

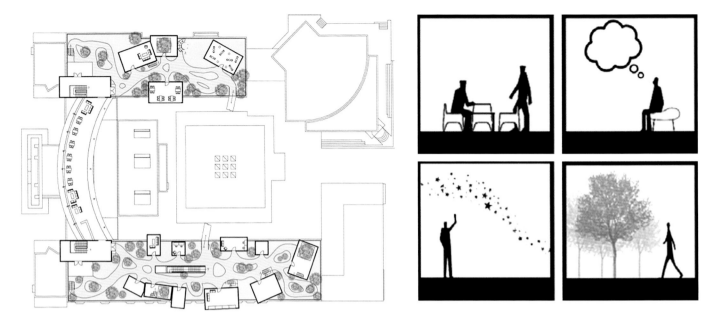

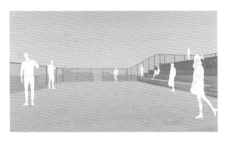

1　2
3　4　5

1.2　在屋顶找到专属于私人的空间，陈迅

3.4　一个关于赏雪听雨的故事，吕昕桐

5　用绿植墙的包裹营造安全感，摆脱恐高情绪，董良龙

应该有这样的态度，这也是我一直强调的空间的社会责任。

　　年轻气盛的时候认为我是在花别人的钱做自己的作品；后来开了公司，要养活这么多人，觉得我是在帮业主做设计；突然有一天，我开始觉得这个空间既不是你的也不是我的，而是属于整个社会。建筑师被赋予了一种使命或者一个机会，去为社会中的每一个人服务，为他们的日常生活提供温暖的空间，而不只是停留于建筑技术或设计方法。

思　您在成果中要求同学们至少画出一个节点的构造大样，这一点要求是基于您的专业背景，或是基于您长期以来对行业内从业人员的观察？

鹏　这一问题在建筑学界有着不同的观点，有些老师认为这些技术知识应该到设计院去学，学校只要教学生理念就好。这就使得很多同学的想法非常天马行空，就像我的这个题目一样。但是光有想法没用，这不是建筑师承担责任的态度。要想承担责任，就要把想法变成做法，扎扎实实地做起来，所以一定要解决技术的问题。

　　清华大师班之所以会找这些有代表性的实践建筑师来，一方面是要培养学生开放的思考方式，另一方面是为这些开放的想法找到实践中的技术支撑，这是我认为的清华大师班的培养方式和培养方向。

　　课程过半的时候，很多同学画的这些楼板和墙依然是没有厚度的，设计 2.2m 高的空间，从楼板到楼板就是 2.2m，出挑的部分没有画梁，原来屋顶上的设备之后放哪也没有考虑。其实我并不要求这些问题全部得到解决，但希望同学们能慢慢开始有构造的概念，有局部思考的意识。

　　培养建筑师的基本素养，是建筑教学中一个很重要的环节，是我们这些老师的责任。

不然今后他们只能空口无凭地给别人讲"拥抱天空，寻找自我"，别人听不懂，那些浪漫的想法也没办法落地。

思 基于在多所高校参与教学的经历，您认为当下这一代的学生有哪些突出的特点？

鹏 其实一直以来我都不太敢带本科生，因为我自身偏向于人文，如果同学们的阅读量比较少，或者阅历比较少，带起来可能比较困难，一旦讲不好还可能会影响他后续的学习。但这次让我很惊喜的是，同学们的知识储备量很大。比如在跟同学讨论黑屋子、孤独这类话题时，谈到了卡夫卡，不止一个同学表示在中学时候就读过他的作品了，这就意味着同学们有充足的知识积累和很强的理解力。另外，这一代孩子认知世界的途径更多，眼界更开阔了。有一位同学课程之前刚刚去了欧洲，大学三年级就开始全世界游历的肯定不止他一个人。

　　这样丰富的阅读量和见识，让他们在不能返校、没有电脑这些工具辅助的情况下，依然能很快地理解老师的意图，最后作品的完成度也相当高。

用空间反思现实，而非迎合功能

思 建筑学硕士毕业后您为什么会选择去读哲学博士？

鹏 主要有两方面的原因。第一个是，工作 5 年硕士 3 年，这 8 年的时间启发了很多我对建筑本身的理解：建筑不是形式问题，也不是空间问题，而应该是社会学和哲学的问题。所以我在潜意识里就知道，我应该去学什么。

　　第二方面的原因是，我在初高中阶段其实更喜欢文科，成绩不比理科差，但是在20 世纪 80 年代初，社会普遍存在着偏见，觉得文科不好找工作挣钱也少，老师不主张你去学文科。到了研究生毕业阶段，基本不存在这个问题了，我也想换一个环境、换一门学科。但是实际上那时候也没有想清楚，只是觉得好玩。

　　我有时候会比较冲动，这一点我从不回避，因为冲动可能是一个人最本真的状态。那三年博士读下来很辛苦，现在回头想想，假如回到三十多年前再做选择的话，我可能不会去读了。

思 您认为哲学跟建筑学在研究方法和思维方式上有哪些明显的区别？

鹏 读的时候觉得应该有，但是读完了才发现真的有，而且真的是关乎建筑学的核心问题。大多数人在讨论建筑学的时候还是围绕功能、空间和形式这些问题，而我除此之外，关注的更多是这些问题背后的文学、哲学、社会学。

　　做设计的时候，业主会给我们任务书，建筑师通常会默认任务书是我们的边界条件或者某种依据，而我经常会试图改变它。比如说图书馆，普遍的理解是，图书馆就是一个给读书人去学习的地方，要有阅览室、储藏室、修复室、报告厅，各通道之间的联系都很清楚。而我首先关心这个功能本身对不对。图书馆真的是给读书人读书的吗？当大家都想做一个安静的空间，把图书馆跟街道隔离开的时候，我提出要把城市的街道引进去，让游客和闲人穿越图书馆，图书馆应该更闹，要让不读书的人"一不小心"去读书。一个城市的可爱程度应该看它对弱势群体的关心程度，如果一个图书馆，能让那些不爱读书的人都特别喜欢去，这个空间该有多可爱！

　　除了对功能的反思之外，我还提出一个问题：图书馆的书是用来读吗？我认为不是。现在图书馆的书是公共财物，人们不能在上面写字不能折，借走以后还要在规定的时间内归还，进门要过层层安检，那么人要如何去跟书产生"肌肤之亲"呢？书应当是可以折、可以写、可以随时记录下阅读者的心情，你今天的看法和明天的看法可能不一样，下一个人来看的时候，除了看原作本身，还能看上一个读者的想法。书应该是一个媒介，重新搭接人和人之间的关系，当这本书被不断重写以后，它才能变成真正有价值的东西。这个才是真正的对空间本身的一种思考。

进而放眼到整座城市，"城"的空间依然存在，但如今"市"的交换已经转移到网络上了，那么应如何建立某种新的交换，例如人与人之间眼神的交换、记忆的交换、气味的交换、情感的交换等，从而重新塑造城市的另一种可能……这些可能都是一些非建筑学的问题，但却关乎建筑学的核心。空间是用来反思现实的，而不是来迎合功能的。

哲学也是到后来才有了从本体论到认识论的巨大变化，认为不确定才是世界真正的样子。我们在读书的时候，总是把书当成一个固定的东西来读，我们所有的解读也是对作者原意的努力还原，如果读后感跟原意不一样可能会不及格。后来读了哲学我才认识到，所有的文本都应该是开放的，建筑亦然；所有的阅读都是你自己的阅读，跟作者没有关系。

把这些思考转移到建筑空间中，影响了我后续一系列的创作。我们的建筑空间不是围合一个空间，而是通过围合打开一个新的空间，不是在设计一个具体的功能，而是在设计无限的可能。

思 从教学到实践，您一直在突出设计者个人感受的重要性。文学、音乐、绘画可以越个人越好，但建筑学同时作为一门社会应用科学，如果过于强调个人观念，是否会造成公众性的缺失？

鹏 有一个朋友也问过我类似的问题。他说我们做建筑师的，把自己的观点强加给社会是不是存在一种风险？他问到我的时候，我还是蛮紧张的，反问自己这是不是不人道的、是不是违背了我们本来应该做的事情？但之后我想通了。你所认为的对公众的理解，依然是你个人的理解，你努力去捕捉到的东西其实并不准确，既不是他的也不是你的，两头不靠。但如果你按照自己的想法去设计，反而是最本真的。我的设计不是"给予"别人一个东西，而是与人"分享"我对世界、自然、人文和建筑的理解。如果不学哲学，我可能不会去思考这些方法性的问题，只会依照某种传统的逻辑去做设计，从这个角度来讲，哲学对我的启发还是非常大的。

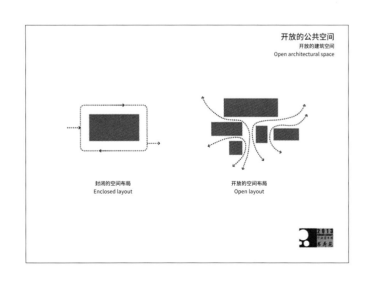

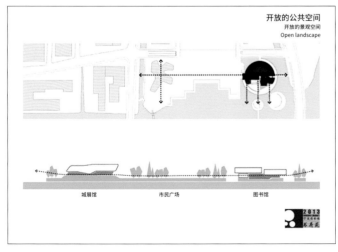

思 您所理解的建筑学更偏向于艺术，相比于其他的艺术门类，建筑更偏向于是一个社会共谋，必然会牵扯到资金、土地、人力等等复杂的社会资源。一个画家，一年可以画 10 张画，但建筑师可能 10 年只能盖一幢房子。通过建筑空间向大众分享对某一社会问题的理解和观念，是不是一种低效的传播方式？

鹏 现在有一种说法"设计是解决问题，艺术才是表达自我"。这种说法很片面，建筑其实是最综合的艺术。我把建筑学分成"建筑"和"建筑学"，"建筑"解决合理与否的问题，就好像小说中的故事情节和文字技巧，而"建筑学"则相当于情节和技巧后面真正的社会问题和艺术问题。一个作家只会讲故事是没用的，建筑学也是这样，把功能、技术这些问题解决好本就是你应该做的，更关键的是深入到表层背后去发现问题、提出问题，这才是建筑学根本的更宏观的目标。

我为什么会选择这么一个沉重的东西来作为艺术表达的方式呢？莫言在日本世界文学大会上说，最后真正拯救人类的是文学，而我认为最后真正拯救人类的是建筑。人们可以不读小说，但是人们不能不居住，不能不生活，不能不工作，建筑恰恰是文化艺术中最接近生活的。我们训练职业技能，是为了更好地用理想驾驭空间。建筑学背负的东西很多，受到的关注和限制也很多，似乎感觉很沉重。但如果我们能把这些看似沉重的东西当成道具，当成表达的方式和手段，或许能够更加轻松自由。尽管自由永远是有限度的，至少我们在不断地努力。

在我的办公室里没有一个模型，没有一张效果图，没有一张建筑照片，不是这些不重要，而是我们进入建筑学有不同的通道，就像到达罗马有不同的路径。可能有些人是从形式与空间介入，而我是从社会学与哲学进入。不同的通道会引领你看到不同的世界。我更希望能淡化形式，因为形式是用眼睛看的，好看的空间早晚会从视线里消失的。我的做法是尽力让形式退到背后，如此，生活才还原本真。

遗忘空间，让背后真正的意义呈现出来才是最重要的，这也恰恰是我一直努力的方向。就像男女朋友一样，刚恋爱时相看两不厌，时间长了以后会愈发看重对方的性格和品格。同样，建筑也绝对不是一个被动被使用的物理空间，它是一个陪伴人成长的伙伴，是一个组织生活的向导，甚至是建立一种新秩序的试验场，这是我对建筑学的理解。

1 2 │ 3

1 传统图书馆是内向封闭的空间，宁波图书馆方案主张自由开放的空间

2 内部开放空间与城市公共空间的关系

3 宁波图书馆设计方案西南向鸟瞰

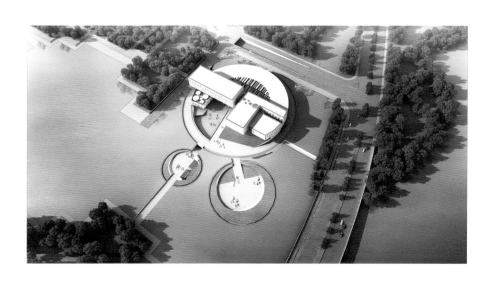

否定是肯定的
另外一种表现形式

邓湾湾，《世界建筑导报》2020 年第 6 期

湾：邓湾湾

鹏：张应鹏

湾 多年的设计实践后，您有哪些可以与我们分享的经验与体会？

鹏 随着从业时间与工程经验的积累，我反而明显地感到建筑设计越来越难！建筑是一门非常复杂的学科，不仅是各种工程技术的综合应用，还同时包含不同的地方文化、民族习惯以及宗教信仰等。建筑学可能是唯一的一门同时横跨理、工、文三个不同学科的全科型学科。大学的本科学制中，好像只有建筑学与医学是 5 年学制。不同的是，医学因为生命的神秘性与复杂性，难度直接显现在学科的入口处，而建筑学却因为表面的日常性与大众化，给人一种容易进入的假象。事实上，功能组织、形式比例、空间节奏或者色彩材质等表面上能看见的，只是建筑学基本层面的客观知识，难的是形式与空间背后的主观态度，这才是建筑师对复杂的社会生活的理解。和所有其他类型的艺术一样，创作来源于生活的阅历与对生命的感悟，并会因为每个人的经历与感悟不同而不同。

病人一般都不敢轻易质疑医生的诊断处方或手术方案，但建筑日常性与大众化的假象经常会模糊建筑学的专业性。我们不可能在短时间内将业主们培养成专业建筑师，在不对称的知识体系中，我们还需要将专业语言转换成日常语言，这是一种表达能力，也是一种沟通技巧。和文学、绘画等相对个人化的纯粹艺术类型不同，建筑师需要用别人的钱完成自己的作品。当然，最重要的还是专业能力的培养，如果想抱着 100 公斤的石头还能跨过一条沟或翻越一座山，那就最好有能负重 200 公斤日常行走的能力。

湾 您的设计理念与你的学习经历有没有关联？它与传统的设计方法有什么不同？

鹏 我硕士阶段才进入建筑学领域。20 世纪 90 年代初，硕士研究生都还是以研究为主，我读的又是东南大学建筑研究所，事实上，我没有系统地接受过建筑学的基础教育。但事情总会有两个不同方向的可能，没有科班的系统训练，同时也没有了既有系统的惯性约

1 华能苏州苏福路燃机热电厂，阳光下的后工业化连廊以景观水池为前景的厂前区综合楼北立面局部

束。与其他所有艺术创作一样，建筑设计也有两条不同的路径，一是沿着已有的道路继续前行，一是能走出自己的路。我不是那种主动"走出"自己路的人，那些都是在既有路径上有了充分积累与谋划后的自我选择与超越。我更像是从开始就走"岔"了，在各种误读与一知半解中摇摇晃晃地走了过来。今天回头再看时，只能庆幸这条岔路还能通行，似乎还有点意外的"风景"。

世界并不都是由必然性组成，同时还包含偶然与意外；世界也并不都是理性的，同时还包含各种非理性与不确定性。博士阶段我读的是西方哲学，从本体论到认识论再到语言学转向，在全新的知识体系中我慢慢学会了可以从不同的角度重新认知这个熟悉而又陌生的世界。从哲学回到建筑学，在对现代主义建筑反思与批判的基础上，我提出了"非功能空间"与"空间的非功能性"两个不同于传统建筑学的新的空间概念，并由此形成了我今天的设计理念与设计方法。

"非功能空间的意义"讨论的主要是建筑设计的方法。与现代主义建筑"形式追随功能"的设计方法相反，我认为形式也可以（甚至更应该）追随"非功能空间"。因为和功能空间过于具体与理性相比，没有功能钳制与约束的非功能空间具备更多形式上的自由。同时，现代主义建筑强调形式追随功能，似乎功能是一个明确且稳定的存在。而实际上，在时间的流变中功能一样充满变数。空间的非功能性就是对功能确定性的怀疑与否定。设计不能只是在具体功能导向下简单地解决当下问题，而应该在更广泛的思考与策略中面向未来。

湾　您认为建筑是不是艺术？空间的本质是什么？

鹏　有人说设计主要是解决问题，艺术才可以有自我表达并鼓励自主创新。这其实是建筑设计两个不同层面的问题。建筑设计首先是要解决问题，解决建造上的技术问题、使用上的功能问题、工程上的经济问题以及与之相适应的空间与形式等。从基本问题出发，我也是不主张盲目的自我表达与自主创新。不是所有的建筑都具备需要创新的前提，城市可以是由少数代表性建筑及其背景共同组成的空间整体；也不是所有的建筑师都具备随时创新的条件，创新永远伴随着风险。我们目前城市建设有两个主要问题：一方面是层出不穷的标新立异，一方面是远远还没有解决的基本的设计质量与建造质量问题。但从另外一个层面讲，工程技术问题就只能是建筑的基本问题，包括功能与形式。功能只是空间设计的前提或创作依据，形式也只是空间外在的呈现方式。空间的本质是营造生活，是建筑师对生活与社会的理解在空间中的陈述，是建筑师关于城市、自然或历史的态度以空间的形式与使用者的分享。我们应该承认建筑设计一定包含着建筑师的自我表达。与文学、绘画及音乐一样，一个建筑师走向成熟的标志就是他能形成不同于他人的观察世界与表达世界的方法，并能因此解决各个不同场地或不同类型的建筑问题。这其实是个不证自明的问题：当所有的外界条件都一样时（比如同一个场地中的同一个项目），不同的建筑师都有不同的理解和不同的表达。

　　建筑的基础是技术，但空间的本质是艺术，而且是所有艺术中最综合的艺术。

湾　您做过很多所学校，能谈谈您对教育建筑的看法与理解吗？

鹏　建筑学问题同时也是社会学问题。长期以来单一的应试模式已经成为我们教育领域，尤其是基础教育领域刻板而僵化的整体状态，教育问题已经成为被严重诟病的社会问题。这肯定不是某一种简单现象偶然造成的，而是有着更为复杂的社会背景。比如计划生育政策下的独生子女问题，比如学习与就业通道的单一化问题，比如传统文化遗留下来的价值观念问题等。但同时，这种社会背景短期内也不可能会有明显改善与转变，考试依然还是唯一相对公平的路径。每个人都清楚应试教育的弊端，也清楚这是没有选择的选择。建筑师当然更没有能力在社会学层面解决如此复杂的社会问题，但我们可以在局部范围内通过空间尽力改善孩子们的学习环境。所以，在我的教育建筑设计中，努力方向不是如何迎合或满足当下的教学方式，而是相反，是在与应试教育的博弈中，通过空间营造素质教育的各种可能。比如在杭州师范大学附属湖州鹤和小学的功能组织中，和应试教育最关联的普通教室被提高到三、四层位置，底层空间反而是没有具体功能指向的"非功能空间"。这是一种空间策略，更是一种空间态度。鼓励自由交往，鼓励自主学习，以空间优先的方式主张素质教育优先。

1

1　江苏省黄埭中学，改扩建中增加的连廊

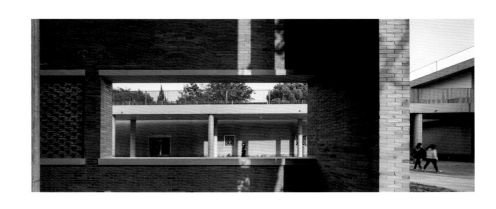

从社会学层面回到功能技术层面，今天的教学方式也已发生重大改变。连通世界的互联网与快速方便的电子交互平台已彻底改变了我们传统的交往方式与知识传播方式，传统范式中具体使用功能对具体物理空间的依赖已越来越弱。"新教育实验"发起人朱永新教授最近的新书《未来学校》就是在这种快速变化的趋势中讨论并试图重新定义新的教学方式。教学方式不同了，教学空间当然会随之变化。现在，每天都有大量的学校在不断设计与建造中，我们建筑师也需要从空间角度思考什么才是我们的"未来学校"。

湾　苏州是著名的历史文化名城，也是经济发达的现代都市，您在苏州生活工作多年，建筑设计中您是如何处理传统文化与现代生活之间的关系的？

鹏　我还是以现代技术与现代生活为思考依据去面对传统文化的，这应该是大多数专业人员的共同认知。建筑材料不一样了，建造技术也不一样了，我们的生活方式及城市尺度也都不一样了。比如在苏州生命健康小镇会客厅的设计中，总体空间布局延续的还是传统江南建筑典型的街巷空间与院落空间。但新的空间尺度是相应放大了的，宽大连续的自由空间不仅更易适应现代商业及文化展陈等新的功能需求，而且也更易与周围同样放大了的新的城市空间与现代城市交通尺度相一致（尺度是一个相对的空间关系）。结构也是比传统榫卯结构更加先进的胶合木与钢组合的钢木结构体系。屋面延续了传统的黑色，但也不再是简单搁置的传统小青瓦，而是在防水与固定上更加科学的平板水泥瓦。立面也一样，更加耐久的金属幕墙与密封性能及保温性能更好的铝合金门窗代替了传统的纸筋灰粉刷外墙和容易受潮变形的原木花格窗。传统不只是简单的外在表象，还有更深层的内在逻辑。这种内在的逻辑还以精致与细腻、轻巧与朴素传统的文化精神融合并传承在新的技术与材料之中。文化不只是静态的历史标本，而是在技术支撑下可生长的生命。

"桥屋"则是从另一个角度回应传统。苏州是典型的江南水城，"桥"曾经是苏州城市重要的空间组成。桥的变化主要是因为交通方式的变化，汽车的发明及大规模使用后，原本以水上交通为主的交通方式转移到了陆地，平桥成了桥梁主要的形式。"桥屋"是桥与屋的组合，一方面在功能上通过日常使用的植入，以可停留的行为（而不只是快速通过功能）强化空间的场所感与存在感，另一方面又通过屋的嫁接，让桥在空间高度上重新回到城市空间的日常视野之中。过去的桥大多是石拱桥，这不仅是因为需要保留下方的高度以保证水中船只的穿行，而且拱形也是石材受压特点在结构与形式上的完美结合。"桥屋"的材料是钢，结构形式是桁架，同样也是结构与形式的完美统一。

湾　近年有一股建筑师"上山下乡"的热潮，关于乡建，您有什么看法与建议？

鹏　这种现象大致可以区分为两种不同的行为模式。一种是浙江德清等地的民宿建设，这种类型更像是新时代的知识（文艺）青年"上山下乡"，一种是城市新青年的乡村情怀。这类建筑的地点大多选择在风景优美的自然环境之中。像德清这种地方相对比较集中，是因为它与周围城市的距离也比较适中。这类"乡建"虽然地点还在乡村，房屋本体也是原居民真正的民宅或某些遗留下来的其他建筑，但它本质上还是城市商业行为。经营者是城里人，客住者也是城里人，只是换了一个地点（乡村）的城市商业行为。另一种是一些地方政府近年积极推行的"特色田园乡村建设"。"看得见山、望得见水、记得住乡愁"，特色田园乡村建设关注的不只是传统的农耕情怀，同时还有和城市化发展相互依存的乡村环境整治与农业产业复兴。

无论是个人情怀化的城市商业行为，还是以农业复兴为目标的宏观经济策略，对建筑师而言，共同的问题还是空间问题。乡村不同于城市，乡村建设的主要特点是要改善原本居住条件与生活（卫生）设施的不足，但同时还要保护乡村原有的空间尺度与自然肌理。冯梦龙村冯梦龙书院的设计就是在这两者之间的一种平衡。建筑高两层，二楼有6个部分局部升起，完成后的建筑在空间与尺度上完全融入冯梦龙村原本的空间肌理之中。一层是一个完整的连续空间，这样不仅保证了功能的完整性与连续性，建筑也有比较完整与连续的气候界面。苏州是典型的冬暖夏凉型气候，传统的院落空间已不太适合现代空间的技术需求。升起的6个部分中，西北角隐藏着空调外机，中间部分下方是半开放的天井，其他4个都是一、二层通高的空间。两层的层高都不高，因为周围原有建筑的高度都不高，但有这些不断穿插期间的通高空间，加上大部分屋脊都有采光天窗，连续的整体空间中不仅没有高度上的压抑感，还同时实现了光线的通透性及空间在移动中节奏的变化。

湾 "华能苏州燃机热电厂"是中国建筑学会100项建筑创作大奖（2009-2019）中唯一的一项生产型工业建筑，请您谈谈对工业类建筑设计的体会与方法。

鹏 既有工业建筑改造的项目很多，且已有很多成功的案例与经验，包含着对传统记忆的怀旧，也指向新的城市功能的再生。相比之下，新建工业建筑的讨论还比较少。可能有这样几个原因：一是客观上的功能制约，工业建筑的生产工艺更为具体，与普通的民用建筑相比，建筑在空间与形式上的余地比较小；二是主观上的社会认知，传统的观念中，工业建筑以生产为目的，形式并不重要；同时还有不同行业间的技术壁垒与管理壁垒，工业建筑，尤其是一些有特殊工艺要求的工业建筑都是有专门的工业设计公司设计完成，工业设计公司内一直都是工艺设计专业优先，建筑专业只是负责配合的辅助专业，建筑创作的能力与动力都有一定的局限。华能苏州燃机热电厂是我们和江苏省电力设计院一起合作完成的，这也是我第一次参与这种纯粹生产型工业建筑的设计。不懂基本的发电原理和工艺流程，作为一名普通的民用建筑设计师，我只能避重就轻，在不改变原设计的工艺流程与总图布置的前提下（不懂索性就不碰），在原有的空间中植入了一条功能空间之外的没有生产功能的非功能空间，而"非功能空间"本就是我最熟悉的设计方法。这条植入的空间不仅在整体上将相互独立的各个物理空间连在了一起，并且在与原有各个空间的相互交织中，将传统的生产设备与生产方式转化成为形式与文化上的双重表达。

工业文化也是城市文化的重要组成部分，对新建工业建筑的关注某种程度上讲应该比对既有工业建筑的改造与利用更有学术价值与现实意义。

湾 纪念建筑是一种比较特殊的建筑类型，能谈谈您关于纪念性建筑的理解与创作经验吗？
鹏 在传统的美学观念中，纪念性建筑大多比较严肃，一般有这样一些空间特征，如封闭的界面、高大的尺度、明确的中心、逻辑的流线等，并以此区别于与普通的世俗建筑。和传统的绝对美学（黑格尔美学）不同，我在纪念性建筑中所强调的日常性与随机性更倾向于《反美学》（潘知常，学林出版社，1996年）与《否定主义美学》（吴炫，北京大学出版社，2004年）。

孙武、文徵明纪念公园就明显地倾向于这样一些相反的空间特征。首先，界面是开放的。只有少部分管理用房或展览空间是封闭的，大部分都是开放的公共绿地或广场，开放的连廊同时也是开放的展廊，是空间围合的界面，也是空间连接的路径。其次，尺度是亲切的。建筑只有一层，南侧有平缓的坡地与地面直接相连，屋顶上还有绿化和步行路径，从公园的南侧向北看，建筑整体消失在景观之中。第三，没有绝对的几何中心，或者说是多个中心的并置与拼贴。孙武墓穴有相对明确的空间围合，文徵明墓穴隐藏在北侧刻意保留小树林之中。南侧的祭祀广场在每年5月12日全球孙武纪念大典时是重要的祭祀场所，所有的其他时间里，它和北侧的绿化广场一样，是市民们日常活动的休闲场所。第四是多重流线的叠加与交织。孙武墓区由南向北有相对明确的祭祀流线，文徵明墓区在设计中就没有定义专门的祭祀流线，到达文徵明墓穴，更像是穿过多组不同的连廊与院落后不经意地偶然相逢。公园有好几处不同的入口，方便日常生活中的漫游与休闲，没有方向的流线提供的是轻松的自我选择。纪念空间与生活空间相并置，祭祀流线与漫游流线相交织，不是传统的高大与理性，而是转向了更加亲切的随机性，孙武、文徵明纪念公园的纪念性是在日常中走向永恒的。否定是从另外一个方向的肯定！

湾　您觉得未来建筑学领域的发展趋势是什么？

鹏　作为一门古老的传统学科，形式与功能从一开始就是建筑学的两个最基本问题。古典主义时期，受材料技术与建造技术的制约，功能更多的是被动地迁就于简单的空间形式。工业革命后，在不断发展的技术支持下，形式获得了相对的自由，"形式追随功能"才在设计上成为可能。未来，形式与功能我认为依然还会是建筑的两个最基本问题，但两者之间的关系将会因为各自新的变化而不同。一方面，是建筑材料与建造技术继续的不断发展，空间在形式上能获得越来越多的自由；另一方面，也是在技术发展的不断推动下，功能会趋向越来越简单，对空间的依赖越来越灵活，包括从具体的物理空间转移到虚拟的网络空间。从彼此依存到相对独立，空间将不再是以功能为前提，而是以生活为目标，形式将独立于功能而自我游戏。

　　其次是技术继续发展后人类生活方式的改变。从工业革命到信息革命，数字时代已经到来，购物已不需要必然在商场空间里完成，星巴克里的座位经常同时是年轻人临时工作的工位，移动办公、家庭办公越来越多，也越来越方便。受疫情影响，很多学校的课程今年都是在网络平台上完成（包括我自己）。虽然这是被动情况下不得已的选择，但已同时开启了不同于传统教学方式的新的可能。行为方式改变了，空间方式一定会改变。建筑就是人类生活方式在空间上的呈现。

　　最直接的还有我们的设计工具与设计方法。我们引以为豪的建筑创作有多少属于不可替代的创作成分？ AI 的继续发展对我们当前的工作方式会产生多大影响？阿尔法狗已让所有的人刮目相看，一个普通的程序就能非常简单地写出以假乱真的唐诗宋词。一次会议上，一个建筑师演示了一款平面布置软件，在一个既定平面空间内，只要简单地输入一些必要的参数，计算机瞬间就为你排出各种不同的平面布置方案。

　　当然，以上也只能算我能感知到的一点朴素认知。建筑学未来将如何发展是一个太大的话题，很难全面回答，试想一下，即使能回到记忆中我们那有限的过去，今天的很多现实也不是当年的我们能够通过努力预见到的，况且还是在这么一个快速发展的数字化时代。

像写文章一样做建筑

沈媚，《氧气生活》2013 年 9 月

亲切的尺度、随意的空间、自然的材料，不凝重、不宏大、不严肃，张应鹏以一种"反纪念"的方式完成梁希纪念馆的设计。

在他看来，空间不是背景，而是直接参与者，是你的伙伴，可以伴随你成长。

张应鹏前几天又去看了一回在建中的湖州梁希纪念馆。这是他第一次做纪念馆的项目，他也终于有机会把自己"反纪念"的想法体现出来。

一般说来，纪念是一件沉重的事情，尤其是在历史人物类的纪念馆里。这些人物的大理石塑像端立在高高的石墩上，石墩位于纪念馆入口处的正中间——这往往是整个建筑的中轴线，甚至周围的植物也布置成拱卫的姿态，以突出这个人物。被纪念者们的形象被神圣化和崇高化。

在鲁迅纪念馆里，张应鹏就是这种感觉。

那还是很多年前，他去绍兴的鲁迅纪念馆。跟其他地方差不多的布置，很高的基座上摆着大理石雕像，石像周围甚至围了一圈栏杆。接着，张应鹏去了百草园和三味书屋，当看到鲁迅幼年时翻爬过的矮墙和刻着"早"字的书桌时，他突然觉得，鲁迅小时候跟我是一样的，他逃课、在桌子上乱刻乱画，他其实是个普通人。

张应鹏开始思考纪念馆到底应该是个什么样的建筑。"我们为什么去参观他、纪念他呢？是为了让后来的人能够成为他，像他一样，也变得这么优秀。"但现在纪念馆却让人感觉"那是伟人"，与自己的距离很远，参观者处于一种被藐视、被否定的空间尺度中。参观完毕，他们继续回去过自己"凡人"的日子。

于是，张应鹏想要改变这种不平等的空间关系，做一座"亲切"的纪念馆。

在接到湖州政府的这个案子后，张应鹏首先去了解梁希是一个怎样的人。五十年代杰出的林业科学家、林业教育家，梁先生甚至还是一位社交活动家。对着这么一位对人亲善和蔼的老前辈，张应鹏并不想把他放得高高在上的、跟人隔阂。

纪念馆选址在湖州城南的森林公园里，作为公园的入口。这对张应鹏来说是个"地利"，他把一座纪念馆"打散"了，各部分散落在背山面水的清幽山林里。这样一来，建筑首先给参观者的感觉就是姿态降低了："把它比喻成人的话，之前我是站着迎接你的，现在我坐在小板凳上或者蹲着的。"

在设计中，张应鹏尽量用自然的材料以融入环境，建筑面积的三分之一以上都是开放的空间。很多展厅没有鲜明的界限或阻隔，没有围合的空间漫延到外部环境中，外面的葱茏树林就是梁希老先生一生致力的事业。张应鹏会在一块石头上刻上梁老先生的一段简介或者他写过的一首诗，这一个个"小型展厅"邀请参观者们带着轻松的心态进入和阅读。

一般的博物馆、纪念馆里会设置参观的线路，或者有指示标志告诉你该沿着怎样的顺序进行，但在梁希纪念馆中，人们可以从任何一个入口进去开始一段旅程，丝毫不会担心没有读到前面的信息、后面会看不懂。

张应鹏带给人们的参观感受是片段式的，就像是阅读文学作品，一般纪念馆是单线叙事、一条线索走到底，梁希纪念馆则是多条线索交叉进行，时不时就会撞见让人惊喜的"偶然"。

有的展厅是流动的，湖州学校的课外写生活动可以在这里举办作品展；有的展厅专门用来展示各种卡片，关于植物的介绍、感想或祝福等，参观者可以在这里写卡片纪念，也能带走自己喜欢的那一张；有的展厅里则摆着书籍，不仅是梁希的研究著作，还有中国林业史、植物学的一些书，走累了可以在这里停下阅读……

就算是有固定展品的展厅，张应鹏也在墙上开了大大的窗户。慢慢看着展品，下一眼就是远处的青山。他一点都不担心来的人没有认真在看展品，或者在参观过程中"走神"，而是试图让建筑以一种平和轻盈的姿态容纳参观者，不必带着沉重的心态和一定要学到什么的决心。

纪念馆的功能是"纪念"，但在他的设计下，梁希纪念馆成为一个"非功能性空间"。这并不是他第一次这么做。不久前，张应鹏为行业内的一本刊物写了一篇稿件《食堂是用来等人的》。这源于他念大学时候的经历。

他所念的工科大学里女生很少，只有在人比较多、流动量比较大的食堂里，男生们才可能看到、等到自己想找的那个人。但是，食堂毕竟是吃饭的地方，一日三餐加起来也不过几十分钟的时间，停留得太久，就显得很不合适，等待者自己也会感觉很不好意思。

所以，张应鹏在为苏州独墅湖边的一所大学设计校区的时候，把食堂放在整个校区最重要的地方，并且准备在里面开设一些咖啡吧等小铺子。接入网络，它变成一个可以长时间开放、大家都能在里面休闲交流的空间，在里面待得再久也不会尴尬。

1

1　苏州工业园区职业技术学院，食堂及体育馆西北角

　　"这样，食堂就不只是一个吃饭的地方，而变成了一个交往场所，变成若干年以后大学生活最美好的回忆。只有上课、自习、听老师教训的大学生活多不可爱，而在某个好天气里，打扮得漂漂亮亮去吃饭，坐在那边等一个人，等半天没来，或突然不经意间来了，这也是大学生活最灿烂的一部分。"

　　学校一贯被视作是教书育人的地方，最重要的地方往往是高耸的主教学楼或图书馆，食堂取代了它们的位置，这或许还是第一次。不仅仅是食堂，张应鹏还把常被塞在角落里面的体育场"升级"了，教学楼和生活区寝室楼三面环绕着操场，建筑师把这块地方变成了"体育广场"。

　　在学校功能的设置上，教学用的教室和办公楼有最大的面积和最优良的采光，学生使用的走廊、食堂、操场等地位则退居其次。但张应鹏认为"好的老师在哪儿都能上课"，这样的布置太功能主义，而缺少了对学生的人文关怀，比如，更关心他们的身体好不好、会不会跟人打交道。

在大学里，做体育运动很少是自发行为，往往是为了补足必要的学分、保证体育课的到课率而去的。被揪去操场点名是很多人的共同回忆。张应鹏把操场放在几栋生活楼中间，而且设计了长达 8m 的户外走廊。因为上下课等必要活动，走廊上时常有人走动或停留。在中间操场上运动的人不自觉会带有一点"表演性"，动作起来也更积极。

这时候，走廊既成为看台，也是促成陌生人间交流的平台：你可以在这里找到跟自己支持同一队的人，跟身边的人讨论一下战局；或者，单纯就是为了想要看到某个人而站在那里。

这种交流表达的欲望在其他学校的操场上、看台上你都不会有，但在张应鹏建筑的体育广场里，自然而然地完成了。人文关怀的需要，完全可以通过设计空间来完成。

"空间不是背景，而是直接参与者，它是你的伙伴，伴随你成长。建筑可以从被使用者，变成一个诱惑者、要求者，掌握话语权。"

这样的建筑理念也在他的工作室设计中体现得淋漓尽致。他的工作室叫作"九城都市"，在大厦的九楼，设计工作是他一手包办的。最引人瞩目的，就是里面全长三百多米、"顶天立地"的书柜墙，尽头是落地的玻璃窗，可以饱览不远处独墅湖的美景。

在 2012 年 5 月工作室刚搬迁过来的时候，张应鹏提了个要求，让每个员工开个书单，列 20 本自己想看的书，由工作室出钱给买。就这样，建筑工作室里有了第一批书，武侠的、烹饪技巧的、家居收纳的甚至讲航母的都有。张应鹏也不管，你想看什么，就给买什么。

这些书可以自由取阅，工作累了拿一本，坐在窗边读。看一会儿风景看两页书，没人会来打扰你。张应鹏也不担心书被拿走，"你要真偷走了，我还觉得你挺可爱的，那得是多喜欢这本书啊。"他还打算每一年都搞一次这种采办书的活动，书架上的书一年年变多，这也是工作室成长的痕迹。

作为工作室的老板，他也明白工作和生活是不可能完全分开的。那么，可以在空间里做一点改变，解决现代人工作和生活二元对立的问题，让员工们在忙碌的空隙里得以休闲。看看自然，再读点喜欢的书，能在工作室里达到生活中的状态。

除了书柜，落地的大玻璃窗和自由流通的空间也是办公室设计中的亮点。不像严谨划分的格子间，"九城"里各功能区都借由走廊流畅地联系到一起。大玻璃窗则保证了足够的自然光和自然通风，每一个人都能感受到光线和空气的变化。

"几乎我所有的同事们都在网络上发过日落的照片，就是从工作室里拍的。我自己也拍。"能够在工作的地方感受到自然，也就不需要特地安排假期、计划行程，去风景区寻找所谓的"生活"了。

张应鹏带着对人的关怀来理解建筑、用自己的专业语言进行创作，满足那些非功能性的需要。"如果你会读书、会跟别人打交道、对自然有感悟了，设计不用我管的，你自己已经在做了。"

探询人的存在

陈霖，《新建筑》2011 年第 4 期

诗人小海曾经在一首诗中写道："我的建筑是人们共同期待的一部分 / 我们每一个人灵魂中的黑匣子……"建筑的诗性就在于它与人的存在、与人的灵魂密切相关，一个好的建筑师必然善于体察、寻觅和揭示人的存在，以一种可以触摸、可以凝视的方式。这听起来有些玄乎，可在建筑师张应鹏这里，却是随处可以感受的具象；真正难以测度和把握的，是建筑师将我们引向这些道理的体认的过程，这个过程充满偶然和神秘，激情和机缘。

我不止一次地驻足凝神于应鹏工作室里那张苏州沧浪新城规划展示馆的照片，想象这样的建筑何以可能。不是这整个建筑引发我的想象，而是照片靠右下方一点的地方毫无规则的一汪水，似乎是不小心泼洒的，也好像是一场雨后残留的，眼看着就要从人间蒸发，却在它最后的时刻倒映着明亮的建筑、蓝蓝的天空和舒卷的白云。它在不经意间提供了观察这幢建筑的别一个视角，建筑的高大身躯和正襟危坐所给人的压迫感，在这里焕然消失，它让人去体味"建筑在园中"的难题的破解，去感受建筑与景观融为一体，与人的日常生活融为一体。我想，这大概就是应鹏追求的存在的印迹：任何一个偶然的、不确定性的细节，当它被纳入建筑的空间语言之中的时候，都能够成为我们窥见和想象人的存在的窗口。

但是今天的建筑很多给人刺激却不能让人想象，城市空间已经被各种各样的建筑挤得满满当当的，它们以不容忽略的姿态和抗拒肉身的质地，耸立在人的面前，人像无足轻重的飞虫在建筑的密林里穿梭。密密匝匝的建筑群落，让城市的大地显得似乎很充实，但人的存在依然缺席，因为人作为主体已然破碎，唯有欲望的粉尘飘散在空气之中，胶合于钢筋、水泥、玻璃、钢、塑料、砖石和土木里。那么，人在哪里？人的存在如何在这样的情境中得以敞露？这正是张应鹏的建筑设计的出发点——从追问人的存在出发。这好像不是一个建筑师的问题，不是一个建筑师的逻辑起点，而是一个哲学问题。是的，这确实是哲学问题，而建筑师张应鹏拿的就是哲学博士学位。1997 年，应鹏与我们这届博士混在一起，每周两个半天，坐在苏州大学的逸夫楼里上英语课。与我们不同的是，他还要抽出时间去浙江大学，追随夏基松先生，攻读西方哲学博士学位。这时候的应鹏已经是苏州工业园区设计研究院的首席建筑师了，但是，对哲学和人文学科的无比热情，对建筑学作为工科的强烈不满，驱使他做出了非同寻常的决定。建筑学与西方哲学，这两个学科之间的距离有多长？张应鹏以他的博士学位论文《现代西方哲学中的非理性主义对建筑的影响》给出了答案。中国的新一代建筑师中，像王澍、刘家琨等

1　苏州高博软件学院，宽大的台阶

人，都颇为自觉地将人文哲学的思考融入建筑设计活动中，在建筑学的工科标签上烙下人文科学的鲜明印记，应鹏无疑属于这个行列，并且据我所知是目前国内唯一拿到哲学博士学位的建筑师。

　　一直没有机会拜读应鹏的这部学位论文，也许是因为这论题太过艰深，以致我不敢问津，但我想，这论题的选择离不开应鹏多年的建筑设计理念和实践，那本论文的精神应该弥散于他的建筑设计之中。这就回到刚才我们提起的话题——作为一个自觉的、成熟的、独树一帜的建筑师，张应鹏是从人的存在的探寻和追问开始他的建筑设计活动的。浏览一下张应鹏的建筑设计作品，你会很容易地发现，它们涵盖了人从幼年直至老年的居住空间，从幼儿园、小学到大学直至养老院；它们涉足于社会公共空间的各种构成：会所、纪念馆、商场、行政中心等。这样的罗列对说明一个建筑师的成就来说，肯定没有太大的意义；我们需要走进去，走进这些空间才能发现张应鹏的建筑哲学。

　　将幼儿园的图书室设计为一个游戏的场所；将小学的教室空间尽可能做小（当然满足基本的规定和功能），将课外活动的空间尽可能做大；将大学的食堂安排在可以看见运动场和露天戏台的位置，行政办公楼安排在最不起眼的位置；将供老人行走的庭园小径设计为敞开、绵延而永远不会迷失的小路；将政府大楼的高度从常见的十几层降低到三四层，且以市民走廊将其环绕；将纪念馆设计为由碑廊相连的半开放的建筑群落；将商场设计在公园之中，让你不知不觉踏入其间……当张应鹏做着这一切的时候，我感到他是在消解功能主义的建筑观念，颠覆建筑物上附着的对人的控制、束缚和漠视的意识，是在抵抗来自行政权力和资本权力的压力与诱惑。

这样的建筑空间设计，其实质不是所谓标新立异。这些年来，我们已经见到太多的实验性的、例外式的建筑奇观，它们一如这个喧嚣浮躁的现存世界，甚至成为现存世界的象征——炫人眼目、财大气粗、不可一世，但内里崩溃、中心消散、主体逃逸，成为所谓后现代景观社会的有机构成。这样的建筑奇观对建筑师张应鹏来说，或许有过诱惑，因而成为压力。恰恰是在这样的诱惑与压力之下，张应鹏以一种抵抗者的姿态确立了自己的存在：在他这里，创新并非意味着一个所谓"不一样"的东西的产生，而是从根本上确立自己的原则；不是与已有的这些奇观"争奇斗艳"，而是面向人的物质需求与精神

1

1　苏州索迪教育培训中心，架空的交往空间与周围环境的关系

匮乏，将存在的质询与思考引入建筑之中。这里显示出的是低调的深度、觉悟后的自信和倾听内心的想象力：他将创新的前提置于返回人的存在根本上，从而让他的建筑秉持一种伦理的尺度，这种伦理的尺度乃在于反对建筑空间对人的拒斥、冷漠和异化。恰如美国建筑学家卡斯藤－哈里斯在他的著作《建筑的伦理功能》中所说的："如果把空间降格为客观存在的话，人类甚至不可能找到自己在世界上的位置"，张应鹏的建筑设计就是要找回人在空间中的位置，按照他自己喜欢的说法是："以空间的方式思考存在"。

我们看到，张应鹏设计的大学建筑的空间里，食堂不只是添加食物以维持生命的地方，它还是打破年级、专业、性别的隔绝，让人互相交流、偶遇、交友的空间；连接建筑的回廊不只是一个通道，还可以在那里随处观看，在某个拐弯的地方静静地等待心仪的人儿走来；楼梯的宽度大大地超过寻常的设计，那不仅是为了通过，也是为了驻足歇息，交谈，观望天上的云朵，品评身边的美女或者帅哥；运动场不只是分割为一个上体育课或者课外活动的场所，而且是与食堂、回廊遥相呼应，建立看与被看的关系的空间；露天戏台、水上阅览室，也是呼唤和激发年轻人自我表现的欲望、展示青春活力的所在……在这样的设计里，建筑不是意味着围合，而是意味着开放；空间诱导着行为，促生着故事，使物理的场所变成了意义的载体和表达，是黑格尔所谓"把大众灵魂联系到一起的东西"，也是海德格尔所谓"让我们安居的诗的创造"。

可以说，张应鹏建筑设计的所有非常之处都引向了对人的存在守望、体贴与呵护。他要通过他的建筑营造"亲切的政府"，解除高大、权威、严肃、强力的象征体系；他要通过他的建筑营造一个"快乐的校园"，将学生从围绕书本、课堂构筑的秩序和规范中解放出来，将玩耍、游戏视为儿童生活的第一要义；他要将阳光引进室内的墙上，以光影的位移而不是钟表上指针的走动来体认时间的流走；他要让自然的风拂过室内的空间，抚摸人的身体，融入爱欲和生命的气息；他要让哪怕是迟暮的老人也要生活在自然的怀抱里感受生生不息的力量……其理想主义的色彩不言而喻，因此他的设计方案难免有被拒绝、被曲解、被阉割的时候，但是他相信自己，坚持自己，决不妥协。当他谈到某个按照他的原则和理想而精心设计的方案被拒绝时，总是说"无所谓啦，我会继续这么做的"；他强调自己做建筑设计不是在为别人服务，他只是感谢客户提供给他实现梦想的机会，而他的回报则是与客户分享自己对世界的看法，对美的追求，对人生的理解，对存在的发现。这时候的张应鹏有点像堂吉诃德，忘记了建筑师永远的"乙方"角色，也废弃了对建筑师的工程学定义。

张应鹏的如此自信和底气十足究竟来自哪里呢？这个答案当然要到张应鹏作为一个建筑师的成长史中去寻求，要到他所从事的整个行业的背景中去寻求。但我想，最根本的在于他对建筑的独特理解，将建筑看作人的生命与身体的一部分，看作提供生命印迹和记忆的媒介，看作探询人的存在的方式。

非功能空间
——作为一种方法的可能性

汪原，《世界建筑导报》2020 年第 6 期

　　无论是空间形式还是材料建构，张应鹏的设计给人的第一印象都是一种简洁的现代主义风格。但当人们真正进入到他所设计的建筑中时，却始终能觉察到空间体验的多义性以及设计思考的矛盾张力。这种多义性和矛盾张力，一方面得益于长期深耕苏州一域的沉淀积蕴，另一方面则来自于建筑师将自己强烈的主体意识向这个城市充满力度的投射。在对人生、死亡、教育、社会等诸多形而上问题思考的基础上，将哲理式的设问贯穿于建筑设计的思考，并聚焦于对现代主义功能空间的反思，最终体现在对"非功能空间"这一概念的熟虑以及在每一个具体设计项目中的差异性的运用。

　　虽然"空间的非功能性在本质上还是关于空间的功能性问题，只是转向了对功能的追问与反思"（注：《建筑师》第 165 期，"空间的非功能性"，张应鹏），但对"非功能空间"的思考显然不仅仅是局限于空间功能上，不仅仅是对空间使用的补充和增强，而是一种系统性的反思。这种系统性反思指的是具有批判性质的思考，它不断对现代主义预设的功能框架，以及作为这一框架之基础的形而上前提进行重新审视，从而在每一个具体的设计中获得新的切入点以及思考的框架。

　　这种对"非功能空间"的系统性反思，自然得益于早年的哲学训练，它不仅逐渐成为张应鹏思考的一种定式或习惯，也逐渐凝聚成了他在设计实践中的一种方法，具体体现在对空间使用的再诠释、以空间冗余作为设计主导以及对城市社会空间的介入。

1　对"死"的反思与对"生"之空间的再诠释

　　"孙武、文徵明纪念公园"包含了孙武和文徵明的两个墓园。撇开文物保护以及武圣或书画家等历史和文化的考量，设计的核心其实是对死亡（death）的思考，具体反映在对具有死亡意味的空间如何理解与使用的问题。

　　在常人的意识中，死亡意味着生命的终止，是生存的反面，是一种消极的意义。从哲学层面上说，死亡是生命系统所有维持其存在属性的丧失，且不可逆转的永久性终止。因此，人们害怕死亡，恐惧生命的结束，绝大多数人都会打压这种死亡意识，避而远之并让它变得模糊。换而言之，我们始终生活在对死亡的拒斥中。但在德国哲学家海德格尔看来，如果我们意识不到即将到来的死亡，也就不能完全地实现生命。如果让死亡进

入我的生命，接受它，直面它，就可以摆脱死亡的恐惧和生活的琐碎——那时候我才会自由地成为自己。

在海德格尔看来，人的一生是向死而生的过程，因此，死亡就多出了一个层次，即死（dying）。（注：布朗肖认为："不受权力主宰之处［……］死就是生，死就是生命的消极性，是生命出离自身。"这里消极性并非是积极的反面，而是一种更加本源与深层的存在方式，是进入"外边"，与他人、与万物相遇而不将之纳入自我之狱的唯一方式。）显然，死就比死亡更大或更具积极的意义，因为死亡是一种名词性的确定状态，是作为主体的人之消解，而死却是一个正在发生和不确定性的过程，死也就是生的真谛之所在。于是，一个关于死亡的问题，经过哲理性的反思，转换为向死而生的问题，死亡这种极端消极的因素就转变为主体的生之潜能。据此，关于墓园内向性封闭的死亡空间的设计，也就可能转换成外向性开放的现实世界之生命空间的设计。

在具体的规划设计中，将整个纪念公园划分为墓园、游园和广场三个部分。针对墓园空间，设计完整保留了文徵明墓周边高大环绕的树林，用规整的长方形空间围合孙武墓，在茂密树林掩映中的文徵明墓的自然性与用素混凝土墙体围合的孙武墓的几何性的对比中，不仅呈现出闲散文人的恬淡自在以及手握兵家重权的威严肃杀，也进一步凸显出历史文物价值的原真性（文徵明墓）与后世传说的拟真性（孙武墓）的巨大差异。

孙武祭祀广场则是一处完全向社会开放的城市公共空间。特定时日的祭祀活动与日常的广场舞在同一个空间中发生，其实已经将象征死亡的孙武墓转换成了一个城市的文化记忆符号。这种转换不仅消解了死亡的消极意义，而且促生了市民更日常的行为活动。

相对于完全开放的祭祀广场，设计中将对死亡的纪念性收储到两个相对封闭的墓园空间；孙武墓则利用人工堆成的大草坡，使整个墓园在水平视线上隐而不见。在两个墓园空间之外，通过素混凝土回廊在场地最边缘的空间限定，将游园空间放大到极限。游园空间绿油的草地与孙武墓中白色的砾石形成生与死的鲜明对比；大面积的草地上仅种

1

植的两三棵树，使得空间更显敞阔寂寥而无所用，也正是这种看上去没有任何功用的空间，潜藏着各类行为活动的可能发生。

　　在对死亡概念的反思中，引入了对死的过程性也即生的日常性的思考；在对死亡空间使用的思考中，体现了对生的日常使用的再诠释。在祭祀、怀古、游园以及城市广场上发生的各种活动，交织汇聚成一幕幕生动的城市生活剧目，通过从封闭的墓园、到半围合的游园以及完全开放的城市广场，不仅让人体验了生与死的全生命周期，也隐喻着主体只有立足于死亡，才能向外在的世界投射出生命的全部力量和无限的可能性。据此，我们不难看出，在将死亡的祭奠性与现世的日常性的并置中，"非功能空间"在该设计中被推向了极致。

2　对教育的反思与空间冗余的置入

　　在教育中，随着现代思想范式不断发生转换，人们越来越强调情感体验、人际交往以及生命意义，在求知中崇尚直觉、生命冲动和自我实现等价值。但纵观 20 世纪乃至当今，教育的主要思想基础仍然未脱离以知识学习为主导的认识论的范式（注：教育始终随着认识的范式不断的变化。首先是古典时代的本体论。基于对世界现象背后永恒本质的追问，在面对绝对理念、真理或上帝时须以虔诚的身体状态去求知，甚至不惜压制、抛弃身体，达至心灵和智慧的提升。其次是近代的认识论。这一思想范式认为世界是客观的，是可通过人的理性力量认识和改造的，知识的目的性被凸显出来。当教育的工具性成为社会共识时，学校则将求知活动推向了极致，学校的生活即被人为地划分为学校——社会的二元空间，一切课程设置也都是基于服务社会）。为了更有效地实施知识传授和学习，现代学校对校园生活的三大要素：活动、时间和空间实施了全面的控制。一方面，严格的作息制度将身体纳入集体秩序管理的节律；另一方面，所谓的知识学习无非是以应试为导向的繁重、枯燥、重复的习题训练。与知识传授占具统领性相对应，教学空间即成为空间的主角。在规划设计中，不仅通过轴线强烈的空间等级来凸显教学空间的主导地位，而且通过刻板单调的功能单元来不断强化这种规训，致使学校其他功能空间皆处于从属位置，"学校变成了学习的机器"（米歇尔·福柯语）。

本着对现行教育体制和模式的反思和批判，在"杭州师范大学附属湖州鹤和小学"的规划设计中，张应鹏一反常规的校园空间模式，以"非功能空间"作为设计的起始点，以冗余的室外空间和屋顶平台作为空间组织的主导，完全颠覆了以功能为导向的建筑设计范式。

"鹤和小学"给人的第一印象是外观平实方整，空间四面围合。但一进入校园空间即可发现，虽然只是一座四层的建筑，但在空间组合、材料运用及色彩的搭配上都颇具匠心而富于变化。

在竖向的空间设计上，"鹤和小学"的空间是从三、四层明确的围合、到二层的半围合、再到底层的彻底开放，与此相对应的是从明确的教学功能向"非功能空间"的衔接与过渡。

在空间组构上，广场空间与庭院空间、室内空间与屋顶空间彼此交织穿插，不仅构成了灵活多变、彼此共存的空间系统，同时还触生了室内与室外活动、地面与屋顶活动、上部与下部活动、规定教学与自发游戏等多种形式活动相互交织、彼此触发的行为关联系统。

在色彩与肌理质感上，灰与白、粗粝与光滑形成鲜明对比；竹模型塑的素混凝土表皮，除了具有视觉上的冲击，还能体验到空间的一种重力感；多处或平缓或陡峭的斜坡的设置，不仅丰富了地面高差变化，也使得学生在不断的冲刺和攀援中，在身体的肌肉和关节得到持续配置和反复拉伸中，身体可以得到充足的锻炼。

从交通组织来看，各种垂直、水平以及斜向的路径，让各空间之间的连接呈现出网络式的复杂状态。同时将原本处于从属地位的"交通"空间有意拓宽、放大，并与屋顶平台和地面庭院串联为一个整体。课余时，学生可从各个方向上向这些冗余空间、屋顶平台、庭院、地面广场等空间溢出。

据此，我们可以清楚地看到，这些"非功能空间"与教学空间具有同等的重要性，不仅可以促使教学空间与"非功能空间"在校园空间上进行整体性配置，而且还可将"非功能空间"作为设计的出发点优先考虑，进而彻底打破了传统教育空间的等级秩序。

"非功能空间"这种模糊、冗余的设置，不仅让空间在使用上有了更多的可能，而且也创造出学生与学生之间、学生与老师之间偶然的遭遇，激发不经意的交流，从而必然会影响和改变教师与学生的等级关系，使得教育不再是自上而下的知识传授，而是师生之间平等的交流。据此，"鹤和小学"也不再是一个所谓的"学习机器"，而是一个围而不合的、能够塑造多样个性的空间生发装置。

3　城市基础设施介入与社会空间介入

城市基础设施是城市生存和发展所必须具备的工程性基础设施和社会性基础设施的总称，文教应属社会性基础设施，桥梁和电力能源即是工程性基础设施。

如果说"桥屋"的设计是一个把具有交通功能的桥梁与鲜花店、咖啡店等日常功能进行整合，其设计指向是创造与城市景观融合的人性化基础设施，那么"苏州华能燃机热电厂"的设计则是将城市基础设施当作一个更大的技术物系统，进而去思考如何运用建筑学去推动公共空间资源重组、优化以及协调多方利益的尝试。

作为一种支撑城市生存和发展的技术物系统，由于其发生条件已从实体之"物"转变成了一种关联环境，绝大部分的城市基础设施都是隐身其后默默地运转。例如电力能源系统，当人进入室内，随手打开开关，电灯亮了，空调开始工作了。在人们享用电力带来的便捷之时，很少会去思考电力能源是如何工作的，乃至这一技术物系统对于城市的意义。因此，如何让市民理解城市基础设施这种特殊的技术物系统，即是设计首先需要思考的问题。

其次，像电力能源这种技术物系统的特征不仅在于技术个体会不断进化，而且还具有自我循环的特征。它不仅具有不同于自然世界的独特的逻辑体系，而且还具有一个与自然物截然不同的形式外观。如何将建筑设计与技术物系统自身的内在因果关系结构，即其自洽性相结合，在保证工业生产的同时，将生产工艺流程向城市社会开放，不仅在文化上向外传播工业和企业文化，同时向市民展示独特的机器形式美学，即是该设计面临的最大挑战。

另外，由于城区空间的快速拓展，致使原本处于城郊的发电厂已经完全变成城中区，市民日益增长的环保意识以及对发电厂可能造成环境污染的恐惧，给政府带来了巨大的压力。如何让市民理解新的生产工艺已经完全解决了环境污染的问题，从而缓解这种压力，也是建筑学介入城市社会的一个非常好的契机。

据此，整个设计的空间逻辑是根据热电生产的既定工艺流程，在要素、个体以及整体三个层次展开的。通过置入一条可对外开放的、游离于生产空间之外的清水混凝土参观廊道，在不断穿插、切分、渗透和转换中，在专门设计的景窗和视觉通廊中，设备管廊、变压器、储料罐或成为对景，或成为借景。原本离散、消极的户外空间经过巧妙的连接与围合，形成了尺度与情趣各异的庭院空间。据此，热电厂一系列单个的要素以及燃烧和发电机组厂房等一系列个体被联结整合，成为热力发电的空间整体，进而在参观路线完结后，观察者能够从零星片断的感受形成关于电力能源生产的整体的知识认知。

相对于热力发电的生产功能，这条新置入的空间走廊显然是毫无生产用途的"非功能空间"，但正是这一"非功能空间"的介入，在生动地契合了这一技术物系统的自洽性的同时，以空间的方式，不仅给城市增添了一处全新的可游可观的工业景观，也为城市创造出了生产之外的文化与社会价值。

实际上，现代主义就是建构在完整的水电、交通、通讯等基础设施这一技术物体系之上的。其自洽性，使得在面对现代城市空间的设计转换时，不得不重新思考人的主体性的问题，人对技术物系统的这种日用而不自知，在很大程度上也是源于技术物系统自身越来越复杂而致使人与技术物系统的关系发生了根本的变化。人们以为自己只是在使用技术产品，然而后者恰恰在改变和重新定义着人。因此，整个建筑设计的流线组织不仅希望能够让市民了解城市基础设施，还希望人们在参观热电生产的过程中，能够不断思考人、自然与工业文明的关系，当然还能启发关于建筑学科边界的反思。

众所周知，现代主义以降，由于强调学科的自律性，使得建筑学在当今城市发展的进程中不断被边缘化。而建筑设计对城市基础设施的介入，无疑是建筑学重新回归城市社会发展进程的契机，这种空间介入的社会效益会不断增大和溢出，建筑学自身的价值也会成倍地增长。

结语

对于张应鹏来说，建筑就是一种生活。因此不难看出，在他的建筑设计理念中必然凸显的"是一种生活态度，也是一种职业态度，更是一份社会责任！"。正是带着这样一种态度和责任，张应鹏在不断地追问：对于我们的城市和社会，建筑的本质是什么？建筑学还有什么可能性？也正是秉持着这样的一种追问，建筑师才能够真正对一座城市发挥其作用和影响力，建筑学知识系统才不会沦为资本和权力的帮凶。

1

1　苏州相城区孙武、文徵明纪念公园，文徵明墓区

后记

很多年以后，一些新认识的朋友在了解到我本科、硕士和博士三个阶段分别读了三个不同专业之后，还会非常确定地认为——从土木到建筑、再到哲学——我的学习经历很有规划逻辑。事实上，本科报选土木工程专业，并非是我了解或喜欢这个专业，而是因为这个专业招生人数比较多可能更容易被录取。本科毕业时最深刻的记忆是终于可以工作挣钱了，同时就是再也不用为了考试而读书了。

其实，生活充满着偶然性与不确定性。

我们 20 世纪 60 年代出生的人，尤其是理工科专业背景的，都是在唯物的现代理性主义教育环境中学习并成长起来的。理性主义强调的是确定性、完整性以及逻辑关系与因果关系。直到博士学习阶段进入西方哲学领域后才发现，偶然性与不确定性才是这个世界确定性的存在。从理性到非理性、从肯定到否定、从审美到审丑、从中心到边缘，在现代主义之后的知识体系中，对于世界的认知方式早已从本体论完成了到认识论、然后到语言学的重大转变！这个转变对我既有的知识结构冲击非常大，并直接重构了我对建筑学新的认知。

能够在博士阶段进入哲学专业学习，要特别感谢我的博士导师夏基松老师！夏老师认为哲学是关于方法论的学科，哲学最重要的使命就是指导其他相关学科及其在具体实践中的应用。他还认为建筑是自然科学与人文科学最完美的结合，所以哲学与建筑学的关联尤为密切！所以，虽然博士阶段的专业方向是现代西方哲学，但在夏老师的鼓励与支持下，我的研究方向还是与建筑学有关。我的博士论文就是研究现代西方哲学中的非理性主义对建筑的影响。

"非功能空间"与"空间的非功能性"就是在非理性主义知识体系中，我针对现代主义建筑"形式追随功能"提出的新的思考。理性主义强调的是必然性与确定性，"形式追随功能"的前提就是：

功能是确定的，形式是必然的。非理性主义强调的是偶然性与不确定性。

偶然性与不确定性是"非功能空间"与"空间的非功能性"的核心特征。

哲学是抽象的理论概念，但建筑是具体的工程实践。这要非常感谢我的硕士导师齐康老师！齐老师是著名的建筑教育家，也是著名的建筑师。严格意义上来说，我建筑学的专业训练就是从东南大学建筑研究所开始的。和以教学为主的建筑院系不太一样，建筑研究所除了学术研究及硕士与博士研究生培养之外，工程实践同时也是非常重要的日常工作内容。硕士学习期间，我们研究生在办公室也都是有固定工位的，除了上课或论文写作之外，我们很多时间都像上班一样，参与到老师们的具体工程之中。"房子一定要盖起来""图纸上的比例与尺度在现场可能是完全不一样的体验""不下工地的建筑师一定不是好建筑师"等，都是齐老师时常挂在嘴边的话。那时王建国老师、段进老师和我们研究生都在一间办公室，他们的职业精神、学术态度和设计方法都深深地影响了我。段进老师还是我博士论文答辩时唯一一位建筑界的论文评阅人，王建国老师百忙之中不吝赐笔为拙作作序。在此一并感谢！

与音乐、绘画或文学等相对纯粹的个人艺术不同，建筑是以功能使用为设计前提的，不仅有投资大、技术复杂等客观的外部条件，还有业主及各相关主管部门等主观上的外围条件。从非功能空间出发，以空间的非功能性为设计目标，这种不同于常规设计逻辑的创作方法所面临的障碍通常会更大。这要特别感谢我的业主及相关主管部门的领导们，正是他们的理解与支持，这些设计才得以一个个从概念走向现实。从书中项目的地点可以看出，这些项目基本都是在经济相对较为发达的江浙一代，而且大多数都在苏州。这并非是因为它们在造价上有多高的要求，相反，这些设计大多都是比较经济的。这其中可能存在着这种关联——经济相对发达的区域，文化上也会呈现出多样性与包容性。或者，也可以这么说："非功能空间"与"空间的非功能性"正是伴随着经济与文化发展后建筑空间新的价值取向。

建筑设计同样离不开团队的紧密合作。从2002年1月九城都市建筑设计有限公司成立以来，和大家一样，我们共同经历了中国建筑市场最活跃也最不确定的年代。欣慰的是，除公司创立之初的前两年人员变动较大之外，这么多年来，主要合伙人与技术骨干都基本没变。这特别难能可贵，尤其是像我们这种以合伙人为工作模式、以艺术创作为工作目标的设计公司，从一开始就注定了不可能走规模化经营之路，以商业化方式运作，这就更加需要合作团队在价值观念上的高度一致与彼此认同。非常感谢各位合作伙伴的共同努力！正是你们的默契合作与辛苦付出，才保证了这些项目的基本实现！也正是你们的默默支持与理解，才给了我继续努力与坚守的信念！

书中所选的作品大多都在专业杂志发表过，其中部分文章出自不同的作者，书后还选录了一些相关媒体的访谈及专家的评论，内容和书中的主题基本一致。在此，对相关媒体及作者们一并感谢！

哲学之外，文学对我也有较大影响。这和我的夫人张莉有关，她的专业方向是比较文学，博士与博士后期间都专注于卡夫卡研究。卡夫卡在西方现代文学史上占有重要地位，被公认为大师中的大师。受叔本华及克尔凯格尔等人的影响，卡夫卡的作品中充满了哲学的思考，是典型的存在主义作家。可能因为有哲学的学习背景，而且非理性主义本就来源于存在主义，所以进入卡夫卡的文学世界对读完哲学后的我没有太大的障碍。非常感谢我的夫人张莉！我们不仅是共同生活的伴侣，也是共同学习的伙伴。感谢她把我带入又一个精彩的世界！在她的推荐与指导下，我不仅几乎读完了卡夫卡的全部作品，还延展阅读了克尔凯格尔、陀思妥耶夫斯基、博尔赫斯、卡尔维诺等此前我不曾涉足的文学作品。

建筑中有空间，文学中也有空间。文学可以通过简单的故事阐述深刻的道理，建筑也可以通过简单的空间解决复杂的功能；文学可以通过多重线索建构多重叙事，建筑也可以通过多重空间建构多重体验。但文学对我更大的启发是关于个体生命的感知、公共性以及社会责任！文学不是简单地讲故事，动人的故事与优美的语言只是文学的外在形式，文学的核心价值在于其不断反思人类的生存状态。建筑也不是简单地解决功能，动人的空间与优美的比例也只是建筑的外在形式，空间同样要关注人的存在。

所以，这本书也可以有两种不同的阅读方式。从建筑学角度，它是一本关于建筑创作方法的书，无论是强调个人表达，还是强调社会责任；无论是强调教育空间中的教育意义，还是强调日常生活中的永恒价值，都始终将"非功能空间"与"空间的非功能性"作为一种空间设计的组织方法和表达方法。书中同时还隐含了另一条线索，从幼儿园到小学、从中学到大学，然后是工作之后的居住空间和办公空间（或办公室，或研发中心，或展示馆），再然后，从养老院、纪念馆再到墓地，最后是和宗教有关的教堂。这是一条从生到死、直到超越生死的生命轨迹。每一个建筑都包含着生命的一个特定阶段，同时也包含着对这个阶段的特定思考。建筑设计不只是以形式解决功能，建筑设计也不只是以空间表达形式，建筑设计本质上也是"以空间的方式思考存在"。

张应鹏

2021年1月1日

于苏州工业园区独墅湖畔月亮湾国际中心9楼

图书在版编目（CIP）数据

非功能空间与空间的非功能性 = Non-functional
Space and the Non-functionality of Space / 张应鹏
著 . -- 北京：中国建筑工业出版社 , 2021.3
　　ISBN 978-7-112-25979-3

　　Ⅰ . ①非… Ⅱ . ①张… Ⅲ . ①建筑空间－研究 Ⅳ .
① TU-024

　　中国版本图书馆 CIP 数据核字 (2021) 第 044451 号

责任编辑　徐明怡　徐　纺
摄　　影　姚　力
责任校对　王　烨
书籍设计　丘　听

非功能空间与空间的非功能性
Non-functional Space and the Non-functionality of Space
张应鹏　著
＊
中国建筑工业出版社 出版、发行（北京海淀三里河路9号）
各地新华书店、建筑书店经销
北京雅昌艺术印刷有限公司印刷
＊
开本：965毫米×1270毫米　1/16　印张：15¾　字数：389千字
2021年6月第一版　2021年6月第一次印刷
定价：198.00元
ISBN 978-7-112-25979-3
　　　　　（37094）